简单成事

用强者思维破局成长

李红茹◎著

中华工商联合出版社

图书在版编目(CIP)数据

简单成事：用强者思维破局成长 / 李红茹著.
北京：中华工商联合出版社，2025.6. — ISBN 978-7
-5158-4271-4

Ⅰ. B848.4-49
中国国家版本馆 CIP 数据核字第 2025QA2526 号

简单成事：用强者思维破局成长

作　　者：	李红茹
出 品 人：	刘　刚
责任编辑：	胡小英　楼燕青
装帧设计：	金　刚
排版设计：	张　涛
责任审读：	付德华
责任印制：	陈德松
出版发行：	中华工商联合出版社有限责任公司
印　　刷：	文畅阁印刷有限公司
版　　次：	2025 年 7 月第 1 版
印　　次：	2025 年 7 月第 1 次印刷
开　　本：	710mm×1000mm　1/16
字　　数：	210 千字
印　　张：	16.5
书　　号：	ISBN 978-7-5158-4271-4
定　　价：	68.00 元

服务热线：010－58301130－0（前台）
销售热线：010－58302977（网店部）
　　　　　010－58302166（门店部）
　　　　　010－58302837（馆配部、新媒体部）
　　　　　010－58302813（团购部）
地址邮编：北京市西城区西环广场 A 座
　　　　　19－20 层，100044
http://www.chgslcbs.cn
投稿热线：010－58302907（总编室）
投稿邮箱：1621239583@qq.com

工商联版图书
版权所有　侵权必究

凡本社图书出现印装质量问题，请与印务部联系。

联系电话：010－58302915

[推荐序]
在绝望处点亮生命

2022年深秋,当我即将作为"中国援摩洛哥医疗队"队员出征时,内心充满了迷茫与不安。陌生的环境、未知的挑战以及对未来的不确定,让我一度陷入自我怀疑。语言障碍、医疗资源匮乏、文化差异,这些现实问题像撒哈拉沙漠的沙尘暴般遮蔽了我前行的道路。

幸运的是,我遇见了李红茹老师。李老师的具象法则如同梅尔祖卡沙漠中的北斗星,用"人生三件事"(自己的事/别人的事/老天的事)的划分,为我拨开了认知的迷雾。我逐渐意识到,许多焦虑源于混淆了这三者的边界:我无法控制外部的环境(老天的事),也无法完全左右他人的态度(别人的事),但我可以决定自己的行动和心态(自己的事)。这个简单的分类,让我在援摩期间学会了专注当下,不再被无谓的担忧消耗精力。这不仅让我提升了工作效率,更让我领悟到《论语》中"君子求诸己"的现代诠释。

然而,命运对我的考验并未结束。2024年,我遭遇了人生中最沉重的打击——失去了唯一的爱子。那种痛不欲生的绝望,几乎让我失去了活下去的勇气。在那段黑暗的日子里,具象法则又一次显现出惊人的生命力,拉住了即将坠入深渊的我。它教会我要明确目标,要自救,唯一的自救方法就是尽快怀孕，把孩子接回来。老天的事我改变不了，但是自己的事可以全力以赴。我开始调理身体，积极备孕。没想到，两个月后，我顺利怀孕了。当看到验孕棒显示的两道杠时，我和丈夫流下了激动的泪水。虽然我们已不再年轻，但我们会用爱让孩子知道他的选择没有错。如今，我迎来了我的小宝。可以说，不是我给了他生命，而是他给了我们全家生命！

真正的成长来自面对而非逃避。无论是援摩的挑战，还是丧子的悲痛，直面它们让我变得更加坚韧。

本书最珍贵的价值，在于它超越了普通心理自助类书籍的安慰剂效应，构建了一套可操作的生命应对系统：认知重构工具——用"三件事"分类法建立情绪防火墙；目标具象技术——将抽象愿望分解为可执行步骤；痛苦转化模型——通过意义重构实现创伤后成长。

我坚信，这本书的出版会成为许多人的灯塔。在这个充满不确定性的时代，人们需要的不是空洞的安慰，而是像具象法则这样实用且深刻的指引——它不承诺我们能消除痛苦，但能教会我们如何与痛苦共处；它不保证我们会一帆风顺，但会为我们提供在风浪中航行的罗盘。

当你翻开这本书时，或许正站在人生的十字路口：可能是职业转型的焦虑，可能是亲密关系的危机，抑或是健康问题的困扰。请相信，这本书背后站着无数像我这样的实践者——援非医生、丧子母亲、失独家庭……用亲身经历验证过这套法则的温度与力量。

希望每一位读到这本书的人，都能像你我一样，在迷茫时找到方向，在绝望时重拾力量，最终活出自己真正想要的人生。

上海中医药大学附属曙光医院　童秋瑜
第195批中国医疗队援摩分队队长

[自序]
写给普通人的成长心法

在这个纷扰喧嚣、变幻莫测的世界中,你是否曾有过这样的时刻:仿佛被无形的锁链束缚,日复一日地沉溺于琐碎的杂务之中,生活似乎变成了无休止的奔波与忙碌,对未来的方向与目标感到迷茫、焦虑?

回想一下,你是否曾有过这样的瞬间:

渴望努力,却苦于找不到正确的方法;

想要坚持,却寻不见坚持下去的理由,更不知该如何持之以恒;

厌倦了现状,急切地想要改变,却又茫然无措,不知该从何开始;

深陷于倦怠与瓶颈的泥沼,对下一步的方向感到无助与彷徨;

即便拼尽全力,也得不到应有的回报,希望之光遥不可及……

"生活",这个看似简单却蕴含无限深意的词,当我们试图去捕捉它的真谛时,却往往如坠云雾,难以触及其实质。它既是柴米油盐的平淡日常,又是梦想与追求的广阔天地。然而,在这纷繁复杂之中,我们是否曾停下脚步,思考过生活的本质?

其实,无论我们身处何种境遇,生活的每一个瞬间都值得我们珍视与把握。那些看似无聊的时光,实则暗藏生活的深意;那些疲惫不堪的日子,更是生活赋予我们的独特馈赠。

但生活并不总是和风细雨,它同样充满了挑战与磨难。面对好事,我们欣然接受;面对坏事,我们却往往难以承受。然而,承受只是开始。更重要的是,我们要学会在逆境中奋起,用信念与行动去跨越现实与目标的鸿沟。

在这个过程中,我们逐渐意识到,现实与目标之间的差距正是问题的根源。而问题的本质,则是推动生活不断前行的动力。那一刻,我们恍然大悟:**工作,其实就是解决问题的过程;而做事,则是我们实现自我、成就梦想的必由之路。但仅有做事的热情是不够的——没有思维的破局,行事只是一时之勇,难以成事;没有正确的方法,努力只是复制平庸,难以成功。**

人生其实并不复杂,很多时候,我们的烦恼源自对生活的误解与迷茫。一旦洞悉了生活的本质,我们就会明白,生活其实就是由这些简单而深刻的元素所构成的。掌握了这个秘诀,我们就能以更加从容的姿态去面对生活中的各种挑战,去享受那份属于我们的宁静与美好。

而这个"解决问题"的过程就像是一场升级打怪游戏,用最简单的方式把问题解决、把事办成,让生活变得更加充实自在——这大概是绝大多数人的追求,也是我将解决问题的具象法则付诸文字、写成本书的初衷。希望每一个平凡如你我的人,都能掌握具象法则这把通往富足人生的钥匙,能让我们的生活变得更加简单而充实。

那么,究竟什么是具象法则?如何用通俗易懂的语言将这一看似抽象的概念清晰地呈现出来?这正是我在写作过程中不断探索与思考的目标。

在这场人生游戏中,我们最终的目标并不只是获得装备和道具,而是获得丰富的人生体验。然而,思维是看不见、摸不着的,且存在天然的系统漏洞。因此,人在做成事的过程中常常会面临重重困难。随着事务的庞大和复杂性的增加,认识世界的手段也需要更为多元,带给人的挑战和体验愈发丰富多彩。通过生命历练从中汲取认知升级的营养，我们能够在做事的过程中不断修复思维的漏洞，实现系统的升级，使人生变得更加圆融智慧。只是，如何才能将这些近乎抽象的"智慧"用通俗易懂的语言具象地呈现出来呢？整个创作几易其稿自觉总是不得要领，始终无法达到线下面授课的那种挥洒自如的效果，也似乎无法描述清楚。

直到四年前，我和惠州学院经管学院郭萍副院长合作广东省创新创业教育课程项目，做知行合一的双创管理线上课（荣获广东省本科高校在线课程二等奖）时对线下课做了一次梳理。后来，在疫情期间，全部的线下课程需要搬到线上。在远程教学的过程中，因为没有充分的交流和引导，所以对课程的理论基础和严谨性逻辑性要求会更高。再后来，我不断调整优化课程并反思，如何表达才能让抽象且逻辑性强的理论适用于大部分普通人，触及他们的底层逻辑，诱发思考和改变。这些变化与思考间接促成了本书的诞生。

人与人之间最大的不同，是底层思维逻辑的不同。在现实生活中，有太多人宁愿在南墙上撞得头破血流、输得一败涂地，也不愿意改变自己的底层逻辑——思考和解决问题的方法。于是，他们总是在职场中不断跳槽却从不思考造成现状的原因，他们总是在与人发生争执时却从不认为是自己的问题，并将原因归结于外在，让自己心安理得。对有些人而言，改变思维似乎是一件很困难的事情。但实际上，终其一生，我们的思维经常发生改变。例如，很多儿时的冲动和念头在我们长大以后就不复存在了；当年父母、老师灌输给你的观点，到今天你依然认同的也为数不多了；你会发现，后来的朋友、同事、老板，不同的人、不同的媒介载体都是你"植入"各种新观念的渠道。有时，思维就像一层窗户纸，只要你轻轻一捅，光就照进来了。

沿着这个思路，我瞬间豁然开朗。**具象法则**，概括来说，是以做事的

人为主体，使人做成事的方法。但它始终只是一个应用工具，学习它的关键还是要想办法改变最底层的思维逻辑。思维顺了、逻辑通了，成事自然简单多了。这时，如果你能再巧妙得当地运用其他工具便是锦上添花了。于是，我最终决定将具象法则作为简单成事的方法论，而我真正想要抽丝剥茧探寻的，是如何跳脱思维的牢笼、锤炼认知升级的路径——这也是我构建本书内容与结构的出发点。

如何才能回归到最底层的逻辑，使人能学以致用做成事并把这种简单成事的底层逻辑转变为终身受益的能力？

答案就藏在本书五个部分的内容中。本书以五个部分的内容，深入探讨底层思维逻辑对个体思维和行为、能力、格局、价值观以及最终命运的深远影响。

PART 1 思维陷阱——困在其中、尚不自知

在这一部分，我们首先一起深入了解多种多样的思维陷阱，揭示了人们在日常生活中常常陷入的认知误区和固有思维模式。通过分析这些陷阱，我们可以认识到自己在思考问题时可能存在的盲点，以及如何摆脱这些陷阱，从而确保更为清晰和客观地思考事情，这是一切改变的开始。

PART 2 认知升级——简单成事的底层逻辑

生活就如同一场复杂而精彩的游戏，我们在思维的世界里航行，却往往被认知的风浪所迷失。然而，通过升级思维的底层逻辑，我们便能够像船长般引领着自己的内心之舟，穿越认知的海洋，驶向成功的远方。

也只有当思维有了彻底地改变，我们才更能理解简单成事的底层逻辑。同时，通过深入理解和调整自己认知水平，可以更有效地思考和解决问题，而不是依然用固有的思维徘徊在原地。这一部分强调了思维的升级对于实现简单成事的关键性作用，是实现成功的基础。

PART 3 知道做到——成功有方法但没有捷径

在这个部分，我们探讨了成功方法重要的是将知识真正转化为实际行动。通过这一部分输出的大量基础方法，我们可以借鉴并更好地将理论知识付诸实践，提高实际的行动力，学以致用。

PART 4 日进一步——从量变到质变的过程

然而，学以致用的行动能力的提升不是一蹴而就的，而是从量变到质变的跃迁。日进一步这一部分的六大方法，就是让我们在不断积累的微小量变中慢慢进步，从而逐步提高自己的能力水平，形成积极的习惯，并最终达到认知升级质变的境界。这一部分强调了日积月累的力量和持续的思维训练方法。

PART 5 五福人生——幸福是行动的隐形主线

最后一部分则是直抵最高的境界——幸福的实现。

如果说前面几个部分我们解决的是日常生活中的各种问题，那么在本书的最后，我们则是直面人生的终极问题——成功与幸福并非遥不可及，而是在我们每一次思维的升级、每一次实践的知行合一、每一步铸就坚定的强者思维影响和支持他人、每一日不懈的进步中逐渐清晰。五福人生，就如同一幅画卷，呈现着幸福的创造之路。

这一部分呼应了书中的主旨，即通过底层思维逻辑的升级和调整，实现更加成功和幸福的生活。回归到最底层的思维逻辑，通过这五个部分的内容，我们能够更全面地认知和调整自己的思维方式，实现对个体行为、能力、格局、价值观以及命运的全面提升。这些部分形成了一张全景图，引导我们走向简单成事的道路。

需要说明的是，为了让大家更好地理解本书的理念、方法和对工具的运用，我在书中融入了大量可供参考的真实案例故事。其中，很多是源自我在公益课和平时咨询与授课中的实际案例，为了尊重及保护主人公，本书中凡涉及的人物，我都尽量为其"隐身"或选用了化名。

千里之行，始于足下。

成为强者，遇事不慌，做事心想事成，自在、安心地过好这一生是我创作这本书的初心。最后，我将一首小诗分享给各位读者朋友们一起共勉，愿每个人都能在自己的人生航程中，以平和的心境和坚定的决心，驶向属于自己的幸福之旅。

《你很重要，你又很不重要》

对于你自己而言，你很重要！

你就是全世界。

所以，请爱护你自己。

你要慢慢走路、开车，注意安全，

你要按时吃饭、睡觉，

没有什么事儿比你自己还重要。

你要留意自己是否难受，

你要感受自己的情绪。

你要张开双臂，拥抱你自己，

你的"好"与你的"坏"，

那是你的全部！

完美无缺。

一旦你失去了自己，

也就失去了整个世界！

你又真的很不重要！

没有人一定要懂你，

没有人必须要在意你，

你的"好"与"坏"对于任何你以外的人而言，

都只是他人生中的一朵浪花、一个花絮而已。

所以，

不要自以为是地认为你很重要，

因为没人会关注你的窘境，

也不要天真地认为，

别人的眼里只有你一个人！

不要因为他人偶尔的一次回眸，

就迷失了自己原本的生活乐趣，

忘记了那些真正属于你的喜怒哀乐。

它们才是你独一无二的财富。

无可替代，

也无法交换。

人只活自己的体验，

你也仅仅是凡尘中的一粒微尘。

你可以是璀璨的珍珠，

也可以是随风飘落的尘埃，

而这一切的区别只在于你如何体验自己的人生！

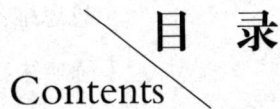

目 录

PART❶ 思维陷阱——困在其中、尚不自知 // 001

思维的迷宫：心智的隐形枷锁 // 003

惯性思维的三角戏：认知铁三角 // 020

思维加工——突破局限的自我觉察之旅 // 028

思维特性——给思维照照镜子 // 037

错位等同——欺骗自己最深的是自己 // 050

打破思维瓶颈——井底之蛙也能看到更广阔的天空 // 058

【简单练习，成事在望】// 066

PART❷ 认知升级——简单成事的底层逻辑 // 067

破译认知升级的密码 // 069

身份定位：做事的起点，也是成事的基点 // 074

明确目标：身份和目标是一体的，屁股真的能决定脑袋 // 086

平衡统一：做成事的基本要素 // 096

成功模型：做一个思路清晰且高效的奋斗者 // 103

行事准则：成为高情商与高效能的人 // 114

全息思维：在认知升级的过程中简单成事 // 128

【简单练习，成事在望】// 136

PART ❸ 知道做到——成功有方法但没有捷径 // 137

降低阻力：行动前的热身准备 // 139

清晰目标：建立一个向往的目的地 // 143

明确行动：每天都能做到"心中有数" // 153

适时调整：心向目标，保持觉察 // 159

提高意愿：让情绪成为动力 // 163

交流互动：在了解中拓宽认知的边界 // 167

【简单练习，成事在望】// 175

PART ❹ 日进一步——从量变到质变的过程 // 177

常运动：拥有一个更强劲的灵魂的容器 // 179

常读书：会读书，读好书 // 187

多行动：在行动中成为巨人 // 193

常自省：凡事向内求 // 198

持续精进：成功的你必将感谢现在的自己 // 202

【简单练习，成事在望】// 205

PART ❺ 五福人生——幸福是行动的隐形主线 // 207

向死而生的历练——自在安心、与爱同行 // 209

人生的顶级配置——人生五福 // 213

重新定义成功：在平凡中绽放真实的光 // 217

成为真正的强者——用生活的智慧去智慧地生活 // 226

在人生的超级游乐场中，幸福地做到知行合一 // 233

【简单练习，成事在望】// 240

后记 // 241

PART 1

思维陷阱

—— 困在其中、尚不自知

人这一生遇到的所有问题本质上都是思维问题。

在这个充满焦虑的时代,我们最害怕的莫过于满心欢喜地做了一些事,却不知所做之事毫无意义。生活中,我们常常会遇到这样一些人:他们将海量信息错当知识,把收藏文章视为学习,把走马观花的阅读当作深度思考,把资料的堆积当成知识的掌握。他们读了很多书,懂得了很多道理,却在解决问题或做决策的关键时刻,常常陷入迷茫,脑海一片混乱。这不禁让人联想到电影《后会无期》中的那句经典台词:"听过很多道理,却依然过不好这一生。"

如果你曾经也对这句话产生过共鸣,那就真的有必要重新审视你自己!

人的行为不同是因为背后的思维不同,人与人的差别本质就在这里。拥有怎样的人生很大程度上取决于你的思维。

而我们固有的思维模式、与他人观点的分歧、关系的紧张往往不是因为事件本身,而是因为我们对事件的看法不同。人们总是习惯性地认为"我以为"自己是对的。事实上,每个人都有自己的小算盘,看问题的角度不同,结果自然不同。正所谓:"一念天堂,一念地狱。"

觉察即是改变的开始。心灵的房间若不打扫,就会落满灰尘,而蒙尘的心会变得灰暗而迷茫。试着去给自己的内心拂去灰尘,通过练习和觉察,升级自己的认知,发现真正的自我。只有这样,我们才能明心见性,突破思维的瓶颈,看清事物的本质,找到解决问题的关键。

思维的迷宫：心智的隐形枷锁

人们常常在不知不觉间迷失在思维的迷宫之中。

这座迷宫并非由高墙和封闭的门构成，而是由我们自身编织的思维陷阱组成，细腻且无形。每一步都是一个选择，每一个岔路都是一个决定，然而我们却常常陷入这些陷阱之中，浑然不觉。

在这迷宫中，每个人都是思考的主体，但并非所有的思考都能摆脱那些悄悄渗透心灵的陷阱。有时，我们仿佛被无形的网困住，却对这个现实毫无察觉。

或许是因为社会的期望，或许源于自身的焦虑，在追求目标的过程中，我们很容易陷入一种不自知的思维陷阱。这些陷阱如同柔软的泥沼，一步步让我们深陷其中，而我们却毫无察觉。

或许是过度自信，让我们在自己的观点和信仰中变得固执己见，将自己封闭在一种思维的牢笼里。这种自信的陷阱让我们难以接受其他可能性，剥夺了我们不断学习和成长的机会。

又或许是负面的自我评价，让我们常常陷入对自己过于苛刻的思维模式中。这种陷阱让我们对自己的能力产生怀疑，让前行的道路变得崎岖且艰难。

在这个思维的迷宫中，我们或许会迷失在对未来的焦虑之中，或许会深陷于对过去的懊悔之中。这些焦虑和懊悔如同迷雾般在我们的心头弥漫，模糊了我们对现实的认知，让我们沉溺于自我怀疑和无尽的忧虑之中。

然而，更危险的或许是那种自以为是的思维模式。当我们固守一种观点时，很容易忽略他人的声音，对不同的看法产生抵触，最终将自己推向一个与现实脱节的境地。或许，这也正是思维陷阱最狡猾的地方。它们不会以醒目的标志和红色的警报通知我们"你已陷入陷阱"，而是悄然潜伏在思考的角落、判断的阴影里，等待着我们踏入其中。于是，我们就在不知不觉中沦为陷阱的俘虏，迷失在自己构建的心智迷宫中。

这个思维陷阱的迷宫就像一个黑匣子，人们或许需要一束光或一面镜子，去照亮并反射出内心深处那些被忽视的角落。唯有正视自己的思维陷阱，才能挣脱那些潜藏在意识深处的无形束缚，找到通往清晰思考和健康心灵的出口。

数字文明下的思维陷阱

回想一下，下面这些场景是不是你每天都在经历的？

> ● 每日清晨，你醒来做的第一件事便是习惯性地拿起手机，把那些遗漏的信息选择性地过滤到思维之中。
>
> ● 接着，你会进入卫生间，使用那个能够科学测出你身体健康状况的智能马桶。
>
> ● 洗漱完毕后，你来到摆满智能化设备的厨房，简单做完早餐，吃完后匆匆忙忙出门，开启贴心的导航服务，迎接新的一天……

从社交媒体到商务往来，从网络购物到线上教学，数字技术正以超速度全面覆盖人们衣食住行的各个领域。现如今，数字化正全面融入我们生活的各个角落，我们对它的好奇心越强烈，它对我们大脑思维的影响就越大，直到最后渗透到我们身体里的每个细胞，是好是坏，谁也说不清楚。

在当今时代，我们经常会听到身边的朋友说起一个词——上瘾。

2016年，谷歌前设计伦理学家特里斯坦·哈里斯（Tristan Harris）曾表示，数字化技术会"劫持"人类的大脑，使人们患上严重的"上瘾症"。如今，除了手机，iPAD、笔记本电脑等一系列数字化电子设备，网购、外卖同样是让人们上瘾的健康杀手。人们越来越懒惰，能用数字化产品解决的事基本就不想去思考。我们不得不承认，数字化生活为我们带来了无穷的快乐，可这种快乐的背后却是人们忘记了如何独立思考，如何集中精力探寻解决问题的方法和专注于开发创意的进程。

上瘾本身并不可怕，可怕的是我们不知道该如何摆脱。人类本就倾向于不思考或少思考，这是根植于我们天性中的特质。我们的大脑本能地喜欢避难趋易，喜欢追求短期的即时满足感。所以，当我们的生活被数字化全面占据，所有的事不用过多思考，只需刷刷短视频，大脑就能获得快乐的即时满足。再加上衣食住行的便捷，我们逐渐忘了原始脑和情绪脑最初赋予我们的先天的优势和能力。

数字化虽然改变着我们的生活，却也在悄然掌控着我们的大脑，使我们正逐渐沦为失去深度思考的躯壳。在如表1-1所示的这些思考方式中，或多或少能看到我们的影子。

表1-1 数字化对人类大脑的影响

当我们不知不觉高度依赖数字化的时候……	
症状	表现
思维固化	数据依赖让大脑失去深度思考能力
惰性思考	大脑本能地倾向于少思考、不思考
思维盲区	被海量信息裹挟，在错误的方向上努力
主观臆断	××就应该，××是对/错
认知扭曲	隐藏的心理防御机制

续表

当我们不知不觉高度依赖数字化的时候……	
心力羸弱	幡动、风动、心动
惯性思维	大脑髓鞘化,知道做不到

在上述几点中,很多人可能不太理解"心力羸弱"。所谓心力,即来自内心深处的一股力量,也就是人的心理素质。人的心理素质越强,面对挫折时所表现出来的意志力就越强大。心力强大之人,要么表现得极为自信,即便悬崖勒马,也不轻言放弃;要么志向远大,愈挫愈勇,有一颗可以应对各种突发状况的强大心脏。

相反,心力羸弱之人经不起一点风吹雨打,遭遇小小的困难便会焦躁不安,不知所措。他们既缺乏把控自己情绪的能力,也不知如何调整自己的心态。

然而,一个人的心力强弱往往取决于认知的三重境界,这三重境界可以用禅宗里的"幡动、风动、心动"来比喻。

佛学中有一段关于"风吹幡动"的哲学探讨,让很多人至今难以解除心中的疑惑。

《六祖坛经》有言:时有风吹幡动。一僧曰风动,一僧曰幡动。议论不已。惠能进曰:"非风动,非幡动,仁者心动。"

两个僧人讨论"风吹幡动"究竟是谁在动,一个僧人说是风动,另一个僧人说是幡动。当二人争论不休时,六祖慧能说:"不是风动,也不是幡动,而是观者的心在动。"

从物理学角度来解释,风吹幡动属于一种动力作用下的自然现象,因为有风,幡才会动,而因为看到幡动,才知道风动的存在。

于是，有人不解，为何慧能明明看到了风吹幡动，却说是人的心在动？难道人心不动，幡就不动了吗？当然不会，关键是如果没有人，动与不动都不会被看见，当它被感知到的时候，我们就与它共存了，而你的心不会因此而动摇。这里，慧能用"禅定"的思想来解释了其中的深义：不管外界环境怎么变化，你的心都不要受其影响，随之摆动。

还有人提出不同的疑问。法国哲学家笛卡尔说："我思故我在。"在这句话中，"思"具有多重含义，既可以理解为思考、思索，也可理解为人在主观意识下的感觉和活动。从字面上理解，笛卡尔似乎在传递一种信息，即因为我能感知到风动和幡动，所以我才知道自己的存在。那么，如果我屏蔽了周围一切事物的干扰，不去感知和察觉，又怎会意识到自己的存在呢？

以此类推，问题便会层出不穷。

其实，六祖慧能所谓的"心动"，正是心物合二为一的境界。虽然我们或许能理解其中的道理，但是在实际生活中又有几人能真正不去区分外界的物和内在的我呢？我们所居住的房子、开的车、工作的办公室、行走的街道……这一切都是客观真实存在的。可是，存在是一回事，是否真正了解又是另一回事。

即便你已经洞察了一切，看透了名利如浮云，不忘初心，保持淡定，最后在行为上也未必能够做到，很可能我们又会在不知不觉中回到原有的模式中，这就是我们常说的"大脑髓鞘化，知道做不到"。换句话说，惯性思维正是大脑髓鞘化的结果。

那么，什么是髓鞘化？

从生物学角度看，髓鞘是包裹在神经细胞轴突外面的一层膜。其作用是绝缘，防止神经冲动从一个神经元轴突传递到另一个神经元轴突。根据百度百科的定义，髓鞘化是指髓鞘的形成和发展过程。它能使神经兴奋在沿神经纤维传导时速度加快，并保证其定向传导，能增强细胞组织间的连接。髓鞘化是形成记忆的一种方式，使人在已知的领域更加高效，同时也会使人们形成根深蒂固的惯性思维，无形中限制了人们探索新事物的能力。

让我们来思考一个最朴素的问题：为何在榜样、故事、经验众多的当下，我们依然总是知易行难，难以将所知付诸实践呢？

从表面来看，可能的原因或许有以下几种：

- 第一，我们和榜样、作者的起点不同。成功的人往往是登上山顶的人，而大多数人还是在山脚下或者在艰难爬坡……起点和背景不同，使我们很难切身体会榜样或领袖的真实经历。即使你觉得自己明白，其实也是两回事。
- 第二，著书立说时，作者的目的和角度不同，表达出来的不是全貌，甚至可能存在偏见。
- 第三，成功的人在表象上是习惯良好，本质上则是认知水平不同于普通人。对于同一段文字或事实，认知水平差距大的人的理解和偏差有着天壤之别。

俗话说："江山易改，本性难移。"这句话揭示了一个本质问题：人们习惯了用常规的思维去思考问题，也倾向于沿着前人的经验，用常规行为去做事。久而久之，这些思维习惯便形成了所谓的惯性思维。

说得再具体一些，**我们之所以会形成惯性思维，就是因为我们的思维常常被固化，遇到意外情况时本能地产生抗拒心理。当惯性思维一旦形成，我们就不愿再去深度思考，做事时把一切都看成了理所当然。**虽然这在一定程度上提高了效率，但也极大地限制了其他可能性。

例如，当有人问"1+1等于几？"时，几乎所有人会不假思索地回答"2"，这个答案看上去是思考的结果，实际上是惯性思维直接调取的答案。然而，如果换成"198×365等于几？"，大家可能就会拿笔来计算，或者直接说"不知道"。拿笔计算或者说"不知道"，这才是思考过的反应。所以，生活中很多人常说"应该是这样"，这就是惯性思维的一种典型表现，它会使我们忽略探索真相的深度思考。

因此，髓鞘化的思维状态可能让我们更加倾向于惯性思维，只接受那些符合我们已有观念的信息，而忽略掉与之不一致的观点。在数字时代，大量的信息和数据使得我们更容易选择那些符合我们现有认知框架的信息，而不愿意接触新的、挑战性的思想。算法就会投其所好地不断推送我们"喜欢"的信息，使我们误认为自己了解到的就是世界的全部，无形中扩大了人的认知局限。

必须要强调的是，数字技术的迅猛发展为我们的生活带来了极大的便利，这在许多方面都是积极的。我们能够通过互联网轻松获取各种信息，便捷地进行沟通和社交，以及享受智能设备带来的高效生活体验。只不过，任何事物都有两面性，这种数字化的便利性也让我们的思维方式受到了影响，数字文明在日常生活中更多地依赖技术、数字数据和信息。大脑在不经意间逐渐形成了一种髓鞘化的状态，即对于特定观点或方法的过度依赖，而变得僵化刻板。

在这个过程中，我们或许会知道一些新的、更有效的思考方式或方法，但由于大脑的髓鞘化，我们可能会产生一种"知道做不到"的感觉。甚至我们总是困在其中，尚不自知。即便是意识到了一种更开放、更创新的思考方式可能更有益，但由于固化的思维模式，我们可能会觉得很难真正付诸实践。

我们总是困在其中，尚不自知

数字文明和信息的爆炸性增长，为我们提供了更多的知识和资源，但同时也带来了更多思维的困境。比如下面这些常见的思维陷阱（如图1-1所示），想象一下，你是一只陷入蛛网的蝴蝶，轻盈而无助，在这看似纤细的丝线中，逐渐发现自己的动作越发受限，翅膀在微弱的阻力中挣扎。那些微妙的束缚并非来自外部的威胁，而是源自自己不经意间编织的思维网。每一根丝线都是一个过去的决定，每一个节点都承载着一个过去的信仰，让我们难以轻松地摆脱这些看似柔软的枷锁。

图1-1 常见的思维陷阱

1. 等有时间了——在惯性中越走越远

在我们的人生舞台上，思维是主导行为和结果的导演。今天的成果是昨天思维和行为的结晶，而当我们陷入困境时，虽然意识到是自己能力不足或者观念跟不上，却仍会将焦点聚焦于急着摆脱眼前的问题，而非提升自己的观念和认知上。然而，这种模式魔幻的是困境解决的同时，另一个问题却如影随形，形成看似无尽的循环。其实，造成问题的本质原因是相同的底层逻辑。囿于惯性思维，我们难以停下脚步去深入剖析困境背后的根本原因，以及如何突破瓶颈。我们也常常因为惯性思维而不愿"看一看"，逃避深入思考问题的本质。这种思维惯性使得我们一再陷入相同的境地。

然而，思维的转变并非一蹴而就。解决问题的关键并非"等有时间了"，而是在于我们何时愿意停下来给自己一个机会，去真正理解问题的根本原因，寻找破解"循环困境"的方法。这或许需要一些静心思考，但这是摆脱困境、实现真正变革的必要步骤。只有这样，我们才能不再被惯性思维所局限，真正找到解决问题的根本途径，而非仅仅是应对表面困境。企业管理、家庭教育、个人情感，莫不如此。

2. 遇事就质疑——自以为是的独立思考

在日常生活中，许多人一遇到事情便会习惯性地质疑甚至"抬杠"，自以为这是独立思考和批判精神的体现。实际上，这种行为往往只是缺乏信任的表现，甚至可能是因为内心能量不足，生命状态不够自主。从本质上来说，这是一种条件反射式的否定行为，目的是保护或显示自己。其实，这种人已经被外界干扰得失去了主体性——他们误以为自己有高度的自主意识，实际上却很容易被外界操控。

记得有一次课堂上，我和学员们一起探讨关于金钱的问题。我说："如果一个人的金钱没有被善用，当它多到超出你的驾驭能力时，就会以某种形式离开你。"这里所谓的"多"，并不一定是巨额财富，哪怕在普通人眼中只是微不足道的数目，对当事人而言也可能成为负担。

随后，我举了一个例子：一位农民伯伯，生活并不富裕，但他省吃俭用一生，积攒的现金被他放在罐子里存了起来。等他再打开时，却发现那些钱早已霉烂不堪。这说明，这些钱对他而言其实是"多余"的，即便他并不富裕。

这时，有位学员质疑道："老师，这不一定吧。"我饶有兴趣地说："好啊！你来说说。"她举了一个例子："我外公也是这样的人，在农村节衣缩食攒钱，却从不舍得花。但他很享受存钱的过程，他觉得存钱本身就很快乐。"

当我思考她的案例是否能为这个观点带来新的启发时，她又补充了一句："虽然后来他的钱也丢了，但起码他快乐过。"

全班同学顿时哄堂大笑起来。有人开玩笑说："那不和老师说的是一回事儿吗？"另有人反驳道："不一样，他快乐过了啊！"也有人接话："但最终他还是没驾驭住那些钱，最后全丢了。"还有人补充："老师也没否认他存钱时的快乐啊！"

见课堂上的学员们陷入了七嘴八舌的争论中，我赶紧说道："停停停！存钱过程的快乐和驾驭不了钱导致其溜走，这两者并不冲突。"

生活中像这位学员这样的人其实很常见。他们习惯于用不同的逻辑或维度去否定别人，哪怕最终的结论和对方一致，也不愿认同他人。表面上看，他们似乎拥有独立的见解，但实际上，他们的思维逻辑往往是混乱的，甚至会掉进自己编织的思维陷阱中，既消耗自己，也让周围的人疲惫不堪。

建立在真正独立思考的基础上的批判性思维和认知是开放而包容的，不会拒绝任何有助于自身目标达成的有益观念，哪怕有些观念被某些人称为"洗脑"。真正的独立思考是思考问题的环境背景或前提假设稳定，以事实为素材，客观、全面、完整、多角度地看问题。它尊重各种存在的合理性，积极地面对，聚焦自力可及的事物，坚定地达成目标。而批判性思维也不是一味地否定他人的观点，而是深入事物的本质进行思考和质疑，对现象提出挑战和批判，不迷信权威，也不固执己见。其核心在于探索并构建出全新的底层逻辑与规律。它绝不是怀疑一切的质疑、否定一切的抬杠，也不是在不自觉中陷入自己批判的现象之中，更不是用一种批判的方式去攻击他人或事物。

3. 分解得越细越好——脱离整体陷入了局部

有些人习惯于将简单的事情复杂化，甚至复杂到极其精细的地步，似乎逻辑性和系统性都非常强。然而，他们往往忽略了事物的整体性和发展中的变化，过度追求确定性的复杂，反而让事物僵化，陷入了"刻舟求剑"的误区。

为了让事物显得更深奥，有时人们还会创造出一些新词。这些新词不但没有帮助我们更好地理解事物，反而制造了更多歧义。这种"知识的魔咒"让人们的沟通变得困难重重，也增加了理解的隔阂，最终难以达成共识。

实际上，把确定的事情细化到极致，确实可以提高执行效率。但问题在于，这种细化常常让人们只需照章办事而无须深度思考，从而导致思维退化。人们逐渐失去了对事物全局的把握，丧失了主动性和创造性。这种脱离全局的伪思考，其实并不是真正的系统化，而是表面的"系统"。

典型的现象有：

- 手术很成功，人却没了。
- 报告很精彩，项目却失败了。
- 工作很努力，公司却倒闭了。
- 训练时很刻苦，比赛时却被淘汰了。

这种脱离全局的精细化，会让人陷入决策的"信息孤岛"，甚至产生一些反智和反常识的行为。例如，身体并无异常，只因某个体检指标偏高就拼命"治病"；用不科学的方式解释科学，用"讲实验"代替"做实验"；甚至出现"证明你妈是你妈"这种荒唐的行为。

过度追求细节和形式的固化，限制了人在实践中应对不确定性的能力，也削弱了主观能动性和创造力，甚至可能制造矛盾，引发冲突。

而过度精细化并非真正的细化分析，它只会让人脱离整体，陷入局部，最终失去主动性和创造力。有些人表现得非常自私，本质上是因为他们的思维中缺乏"大系统"的概念。在他们的世界里，只有自己才是全部，高于一切。他们的思维局限于自己的小系统，无法看到他人和整体的关联。真正的细化分析，应该建立在独立思考的基础上，以事实为依据，通过客观、全面、多角度的方式看待问题。它不会被复杂化的形式所迷惑，也不会被碎片化的现象限制，而是注重把握事物的整体和关键，既承认事物的合理性，也能够面对不确定性找到解决之道。

这不仅能帮助我们达成目标，更能让我们在应对复杂挑战时从容自信，保持创造力和主动性。我们需要做的是在全面认识事物的基础上，用理性和独立思考去把握整体，在细节与全局之间找到平衡。这才是解决问题的关键所在。

4. 知识越多，认知越高——脱离支撑系统，造成系统冗塞

认知水平高主要体现在能够洞察真相、把握本质的能力。然而，我们往往会将其与知识量大或学历高混为一谈，虽然它们之间相互影响，但并不存在必然的正相关关系。

认知与知识的关系，好比电脑操作系统与应用软件之间的关系，操作系统（认知水平）越强大，软件（知识）便能高效地发挥效能。反之，若操作系统不够强大，知识的累积反而可能会成为负担——安装的软件越

多，系统越容易冗塞、低效，甚至瘫痪。

在我们身边，不乏高学历却让人感到不适，难以被接纳或信服的人。他们看似用知识的丝线把自己武装起来，实则被知识所束缚，失去了与现实的连接。他们并没有表现出应有的睿智，甚至显得反智[①]，原因大多也在于此。操作系统版本低，即认知水平低，即使硬盘足够大，运行的效能也无法超越操作系统的极限。所以，政治家、军事家、科学家、学者、教育工作者等更需要站在人类学和社会学的角度，全面提升自己的人文思想和认知水平，以真正造福人类。

5. 好心办坏事——用动机的正义感掩盖事实，鼓励低效思维

"好心办坏事"这一现象通常指某人出于善意或积极的动机，却因不恰当的手段或行为导致负面结果。这种现象之所以反复发生或轻易被谅解，往往是因为人们过于关注动机的正义性，从而掩盖了行为的不合理性。这种倾向无形中鼓励了低效的思维方式。例如，有人自认为性格耿直，所以不招人喜欢。他们认为只要自己的出发点是好的，就可以忽略行为的合理性及其后果。哪怕结果不好也理直气壮地期待被谅解，否则就会感到很委屈，甚至坚持认为是对方的问题。殊不知，"直率"并不意味着可以出口伤人，这种思维方式可能导致对行为的不审慎，甚至对破坏性的放任。

再比如，有些人认为普世的价值观是倡导民主、自由、平等和尊重等理念。然而，当他们发现别人的观念与自己认为的"进步的普世价值观"不符时，便会表现出嫌弃、打压，甚至流露出恨铁不成钢的鄙视。他们没有意识到，自己的言行恰恰违背了自己所倡导的价值观。真正符合这些价

---

① 反智即"反智主义"，它是对于智性、知识的反对或怀疑，认为智性或知识对于人生有害而无益，是对于知识分子的怀疑和鄙视，出自《美国生活中的反智主义》。

值主张的行为,应该是给予对方理解与尊重。若我们对不同观点的人或事不能表现出足够的包容与尊重,那么,我们的认知水平并不是自己以为的高人一等,反而在自己鄙视的低层次,只是我们自己不知道而已。

以"我为你好,你要听我的"为例,这是很多身处高位的父母、老师或领导的自然想法。他们以爱的名义,不顾及对方的自尊和承受能力,对子女或下属进行批评和指责。这种行为实际上是以爱的名义实施操控。他们以"孝顺""乖孩子""好榜样"为由,束缚孩子和他人,或者以所谓的"道德正义"来掩盖私欲和操控的真相(如图1-2所示),甚至附加以情绪对抗和情感绑架,但这些"好心"最终并不能解决问题。相反,这样的做法可能会破坏关系,甚至导致问题变得更加严重。

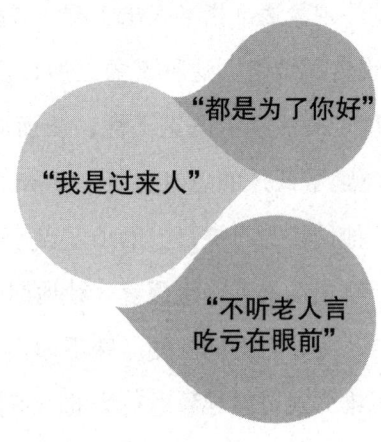

图1-2 好心办坏事的典型例子

6. 控制情绪——适得其反,内心更加疲惫

有情绪是人生命情感丰富,生命能量强的表现,奔放的情绪带给人真挚的感染力,本来是需要被充分接纳和尊重的。古人也会用"风流才子"来形容和赞许一个才华横溢,尽情挥洒自己生命热情的人。有些人追求完美,对自己要求过高,害怕暴露自己或者犯错,对情绪控制要求苛刻,深

陷于所谓"喜怒不形于色"的"完人情结"之中。于是,"情绪管理"应运而生,人们在努力寻求少有甚至没有负面情绪的方法。然而,这种过高的自我期望实际上会成为一种羁绊,让人的内心变得更加疲累,而非轻松自在,严重的还会诱发心理疾病。

最常见的是小朋友伤心哭闹时,家长会因为自己的承受力不足,能力不够,反而会对孩子说"不许哭!",如此孩子只能憋回去;还有人们常说的"男子汉大丈夫必须坚强"等。

情绪背后的开关是人对事物的看法。正面也好,负面也罢,它都是被定义了的。情绪出现了,就是客观存在的事实。重新回归尊重人性的本真,体验和思维不能被过度阻隔。作为普通人,我们要允许情绪的自然流动和释放,这样才能变得更加包容、通透且有人情味。

生活中,人并非总需要拥有正确的答案。相反,一个简单的"允许"可能会让我们变得更轻松、更快乐。做成事的人并非深藏不露、不犯错,而是用至真至诚之心感动身边的人去追随。他们可以驾驭情绪而非做情绪的奴隶,他们可以觉察情绪,沟通情绪,绽放情绪,让情绪为己所用。

7. 二手的建议——借助他人的认知不能解决自己的问题

"二手的建议"指的是他人对"现实"的解释。每个人所描述的"现实"都是其经过思维加工后具有主观色彩的看法,而非客观全面的事实。一旦我们接受了这个主观看法,再去看待一个人或事物时,就会不自觉地将其与他人的评价相对应,从而影响我们最终客观的判断。

每个人都是自己生命的主角,拥有自己的第一手资料。只有真实地面对自己的生活现实,才能找到解决自己问题的方法。借助他人提供的一些观点,仅仅是我们决策的素材,并不能真正解决我们的问题。

以合作为例,如果我们无意间知道自己的准合伙人被他曾经的事业伙伴控诉他们合作中的种种不愉快，对他评价不佳，我们可能就会犹豫，本能地认为他们的情况可能也会发生在自己身上，最终选择不再合作。这种行为可能使我们感觉自己已经进行了调查研究。实际上，我们只是听信了别人的观点，在别人的主观意见的基础上做了二次加工，并没有从自己的实际情况出发，以事实为基础，以达成目标为判断的依据，进行深入分析和研究，就作出了决策。因此，真正解决问题的关键在于不过度依赖他人的评价，而是把他人的观点、经历作为自己决策的素材，直面真实现状做出客观、中正的分析和判断。

跳出思维陷阱——觉察是看清本质的开始

自我觉察，是跳出思维陷阱（如图1-3所示）、看清问题本质的关键，而觉察主要包括向内和向外两个方面。

向内观察意味着勇于担当、保持坦诚和追求真实。这需要我们审视自己的思维过程，勇敢直面内心的动机和情感，而非逃避或粉饰。

向外观察则包括尊重人性、尊重规律，以及勇敢面对事实和真相。尊重人性意味着不对他人过度评判，理解和尊重每个个体都有其独特的背景和观点。尊重规律则要求我们认可世界的客观运作方式，不任性地违背基本的法则。

跳出思维陷阱
觉察 看清本质

向内	向外
担当	尊重人性
坦诚	尊重规律
真实	面对事实和真相

图1-3　跳出思维陷阱

面对事实和真相，是关键的一环。有时候我们可能会因为个人偏见、情感或习惯性思维而选择性地看待问题。真正的觉察力在于坚持追求真相，即便它可能与我们过去的信仰或期望相悖，也要勇敢地面对。

贝贝的班主任刘老师，刚经历了一段深刻的心路转变。自从贝贝升入一年级，她常常会躲进学校的角落，说自己感到害怕，还时常表示头疼、肚子疼以及想妈妈。起初，刘老师尝试以纪律要求来引导贝贝，但收效甚微。后来，刘老师请贝贝的妈妈到校交流。不料，妈妈却误以为是贝贝在无理取闹，严厉地责备了她。看着贝贝那双无助又渴望理解的眼睛，刘老师的内心深受触动。

在经过深入的了解之后，刘老师得知贝贝来自单亲家庭，自爸妈离异后，特别是贝贝爸爸及其家人便与她们母女断绝了联系后，贝贝就格外依赖妈妈。贝贝的妈妈独自承担着抚养女儿的重任，同时又面临着巨大的工作压力，不稳定的情绪让她对贝贝的管教变得严厉且急躁，甚至在贝贝开学前还因作业问题动手打了贝贝。这次挨打后，贝贝对上学产生了抵触情绪，表现出无法安心坐在教室里学习、频繁要求妈妈来接等状态。

刘老师知道贝贝的问题并非出在行为上，而是出在贝贝的心理上，她正处于失去妈妈陪伴的深层恐惧之中。此时的刘老师不能用教育其他孩子的经验和自己的主观感受来对待贝贝，因为贝贝真正需要的是支持与力量，而非批评与否定。于是，刘老师便开始更加亲密地陪伴贝贝，还经常和她一起吃午饭。这一举动让贝贝感觉自己仿佛又回到了幼儿园的温馨时光。同时，刘老师也耐心地劝慰贝贝的妈妈，不要一遇到孩子的问题就情绪失控或者只知道简单地呵斥孩子，而是应该尽快让自己冷静下来，并积极寻找解决问题的方法。

在刘老师的悉心关怀与引导下，贝贝终于能够安心地坐在教室里学习了。刘老师自己也因此获得了教育理念上的突破。

总体而言，跳出思维陷阱需要"内外兼修"。内观是对自己内在动机的审视，外观则是对外在事实和他人的尊重。这样的觉察力，不仅让我们能更清晰地认知世界，也为更明智的决策和更健康的人际关系打下坚实的基础。通过觉察，我们才能够拨开生活中的迷雾，看清事物的本质，以更好地适应快速变化的数字文明新世界。正如太阳初升带来曙光的同时，也激发了新的希望，指引我们迈向智慧与成长的光明之路。

惯性思维的三角戏：认知铁三角

既然思维的迷宫让人如此眩晕，而惯性思维更像是一场扑朔迷离的游戏，那么，我们是就地缴械投降还是继续升级打怪、成为游戏的王者呢？

在思维的大舞台上，每个人都参与着一场名为"惯性思维游戏"的激烈竞技。这场游戏并非真实的体育比赛，而是我们与自己内心对抗的一场盛大演练。在这个游戏中，我们穿越思维的迷宫，挑战那看似无法逾越的认知壁垒。

游戏开始时，我们通常会陷入"认知铁三角"的陷阱之中。这是一场心智的盲点追逐，其中每个人都像是被一种看不见的力量束缚，只能在既定的思维轨道上打转，而这正是"惯性思维游戏"的魔力所在。

在上一节内容中，我们摆出了不少"惯性思维游戏"中令我们很不爽的现象和问题，本节就让我们从认知的角度去揪出这个在我们思维中作祟的"小怪物"吧!

认知铁三角——思维影响行为，行为带来体验，体验再影响思维

认知铁三角构成了一个看似不可打破的循环：思维受外部环境等物质因素的影响，而思维反过来影响行为，行为则引发特定的体验。这种体验进而再次影响思维，形成闭环。同时，思维也可以直接触发特定体验，而这些体验又在很大程度上塑造个体的行为模式。行为的展开再次强化了初始的思维模式，形成了一个相互关联、相互影响、相互强化，交织在一起的认知铁三角，人们往往在不知不觉中被无形地圈禁，甚至全然不知自身的思维已被困于其中。

如图1-4所示，我们可以通过"顺时针"和"逆时针"这两条路径来理解认知铁三角的运行机制。从"顺时针"方向来看，思维驱动行为，行为产生体验，行为与体验又进一步影响了思维，从而形成了一个动态循环。从"逆时针"方向来看，思维会引发相应的体验，体验又会反映到具体的行为上，而行为则最终验证了原有思维的正确性，使得两条线的循环相互交织，形成了一个闭环结构。

认知铁三角
思维影响行为 行为带来体验 体验再影响思维

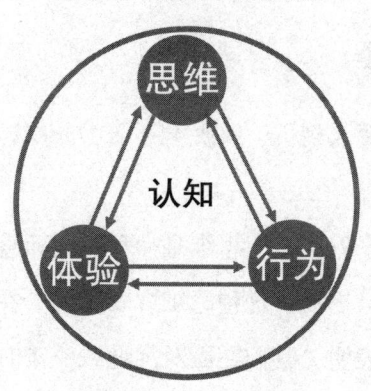

图1-4 认知铁三角

然而，一旦人们形成了某种思维定式，往往会习惯性地以固定的方式看待事物，而不愿尝试新的思考方式。在这个过程中，体验是塑造思维的重要"原材料"。

例如，当一位老师在批评学生时不慎伤害了学生的自尊心，这种受伤的体验可能会让学生认为这位老师不称职，进而排斥他所教授的课程，甚至对整个学科失去兴趣，觉得自己不擅长这个学科。反之，一位善于激励学生的老师则可能激发学生对学科的热爱，这种热爱同样源于体验的驱动。

从另一个角度看，每一次经历都在潜移默化中塑造着我们的思考方式。过于依赖过往的经验，本能地恐惧失败体验重演，渴望守护已经体验到的舒适感，恐惧未知的挫折，这些因素使得我们对新的观点或信息产生抵触心理，难以拥抱变化。

最终，这一循环的完结是体验再次影响思维。新的体验被整合到我们的思考中，从而不断调整和塑造我们的认知模式。

从心理学的角度而言，关于认知、认知铁三角更多的是用于描述一种思维陷阱，其中包含固化的认知、僵化的观念和对于新信息的拒绝。这个概念强调了在个体思考中可能存在的局限性和对新观点的抵制，阻碍了开放、灵活的思维。

惯性思维的路径

接下来，让我们深入剖析、解决上一节中的问题，寻找赢得这场游戏的破局之道。

从心理学的角度来看，惯性思维是一种迅速而直接的心理过程，其路径短且速度极快。一旦启动，这种思维方式常常会在瞬间阻断理性思维的漫长路径。这种现象表明，我们在面对问题或决策时，往往更容易采用那些熟悉而快捷的思考方式，而非经过深思熟虑的理性分析。

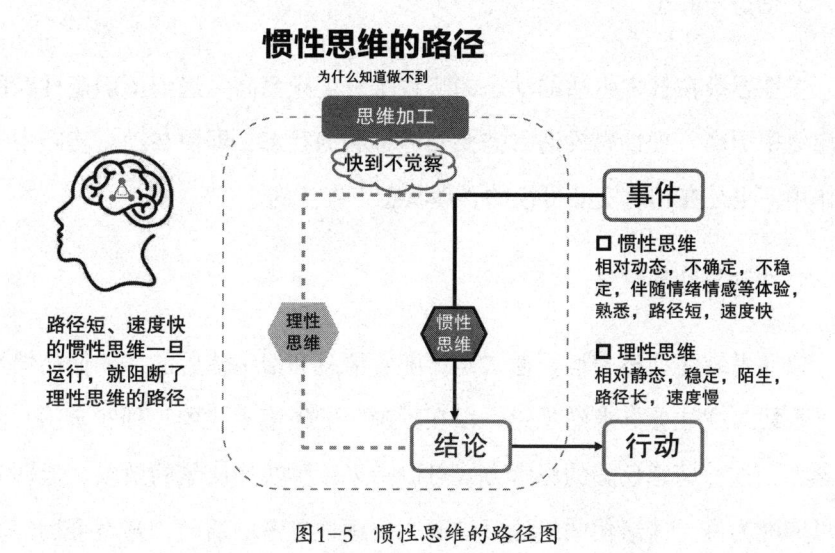

如图1-5所示，惯性思维具有一些显著的特征。

惯性思维的路径

为什么知道做不到

思维加工
快到不觉察

路径短、速度快的惯性思维一旦运行，就阻断了理性思维的路径

理性思维　惯性思维

事件
□ 惯性思维
相对动态，不确定，不稳定，伴随情绪情感等体验，熟悉，路径短，速度快

□ 理性思维
相对静态，稳定，陌生，路径长，速度慢

结论 → 行动

图1-5　惯性思维的路径图

1. 熟悉与陌生

惯性思维是在熟悉的场景中逐渐形成的。人们在思考时往往会寻求熟悉感，在经历过的情境中找到一种安全感，快速决策且简单、高效。理性思维往往运用在不熟悉的陌生事物中。例如，1+1=2就是不假思索的惯性思维给出的答案，而对于198×365=？，大部分人就会拿笔算一算或者直接说"不知道"，这个"不知道"或者算出的结果就是理性思维的工作。

2. 速度快与慢

惯性思维从日常生活中来，又优先用回到日常生活中去，场景熟悉，反应速度快。理性思维往往会用在相对陌生的事上，例如学习、谈判等。因为不熟悉、没有经历过、需要深度思考，所以，理性思维的反应速度会比惯性思维的反应速度慢。长时间沉浸在理性思维的思考模式中会消耗更多的生命能量，容易使人疲劳。

3. 动态与静态

惯性思维在日常生活的动态的实践中发生频率高，遇到不确定性时的反应概率更高。理性思维通常需要安静平和的状态，即使在动态实践中发挥作用，也是在相对安静可控的心理状态下发生的。

4. 冲动与冷静

惯性思维在动态中运行通常是伴随着情感和情绪体验的。人们的惯性思维上线时往往会寻求熟悉感，以在不确定的情境中找到一种安全感。由于熟悉，这种情感色彩的思考方式可以带来一种快速决策的效果，但同时也可能因为过于情绪化的应激反应而中止理性思考的活动，甚至会彻底关闭理性思考的通路，做出失去理智的行为。

相较之下，理性思维呈现出相对静态和稳定的特征。这种思考方式更加冷静和客观，更注重深度思考和细致的分析。由于不熟悉反应速度相对较慢且路径较长，理性思维在决策时更多地考虑各种可能性，并且更加倾向于在不同选项之间进行权衡。理性思考时，内在的平和很重要。

有不少人在吵架过后会后悔或者觉得自己当时为什么不那样说。这就是典型的吵架时进入了惯性思维的通道，关闭了理性思维的通道，而在人平静下来回归理性思维思考时，又会觉得自己当时太冲动或者没有及时给出有力的回击。

诺贝尔经济学奖的获得者、心理学家丹尼尔·卡尼曼在其著作《思考，快与慢》中提出，我们的大脑存在着两种思维系统，称为系统1与系统2。系统1是"快思考"思维系统，它是我们大脑的自动反应系统，就像穿衣服、梳头、洗脸和刷牙等行为，我们可以不必思考，只需按照日常经验去做就行，省时又不内耗。系统2则是"慢思考"思维系统，它是一种理性认知，需要深度分析与计算。这个系统比"快思考"思维系统运行得慢。通常，人们更喜欢简单、快捷的方式，在遇到某些难题时在情绪和行动上做出直觉反应，正是因为如此，我们才会经常步入思维误区，做出错误的判断和行为而不自知。

在实际生活中，惯性思维和理性思维之间的平衡常常成为个体面临的挑战。理解这两种思考方式的优缺点以及训练惯性思维，使之变得更加理性、系统，对于更好地应对复杂的决策和问题至关重要。

我们在上一节中提到的"江山易改，本性难移"，本质就是由于人不觉察和没有深度思考的学习与训练造成的。

人在思考时会产生思维惯性，思维惯性多次强化就形成了惯性思维。惯性思维一旦形成，认知铁三角也会相对稳固，人就不再会去深度思考了。可见，觉察是多么重要。然而，在生活中，只有极少数人能后知后觉，当知当觉的人是人中龙凤，绝大多数的人是不知不觉的。

如此说来，强化和训练人的觉察与自省能力可以让人先知先觉，抓住机遇。

回到现实生活中，大多数情况下，人从众或者消极、负面的言行都受到"条件反射"式的惯性思维的驱使。此时，人对自己的言行是无意识、不觉察的。例如：

- 写作业了吗？
- 别人都报补习班了，我们能不报吗？
- 人家儿子都买房买车了，你呢？
- 人家孩子很孝顺/不孝顺。
- XX和你同时入职的，你看人家进步得多快。
- 你怎么搞的，这么简单的事都做不好？

审视生活中的言行，你会发现，很多时候人们根本就没有思考过自己说这些话的目的是什么，到底想要什么，只不过是类条件反射般的无目的的表达而已。但凡能想想为什么，我们就会发现自己说出去的话毫无意义，不仅扫兴，而且还破坏关系。就这样，我们在自己的认知铁三角里死循环出不来还束手无策。

要打破认知铁三角，我们需要在每一个环节都下功夫。培养灵活的思维，勇于尝试新的行为，接触不同的体验，都是摆脱这一陷阱的途径。更重要的是，意识到思维、行为和体验之间的关联，从而有意识地塑造一个更为积极、开放的认知模式——认知升级。

认知升级——不断突破认知铁三角

在这场思维游戏中，每一关的挑战都是一次对自我认知的深入剖析，尝试摆脱思考的固有边界。就像一个习惯于特定棋局的国际象棋大师，在新的棋局中，还是会选择熟悉的着法，仿佛思维的规律被铁链紧紧捆绑住了。而**认知升级就是不断突破认知铁三角，用更高维度的视角审视自己，扩展行为边际，获得体验，从而不断提升认知水平的过程**（如图1-6所

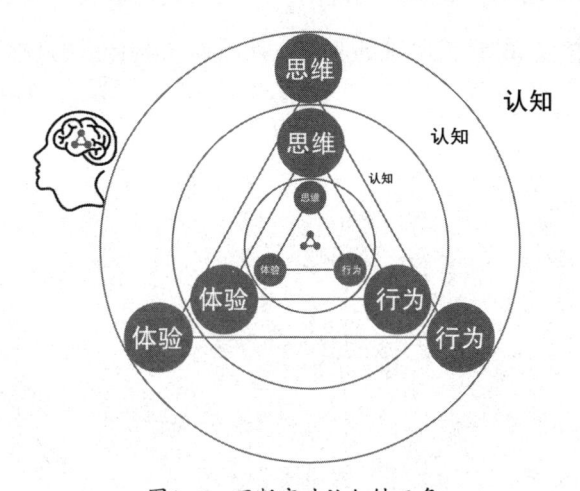

图1-6 不断突破认知铁三角

示）。当破框至无穷大时，我们就处在万物一体、天人合一的理想状态了。

但认知升级不是一蹴而就的，理性而系统的思维的形成是一个逐步强化的过程。在这个漫长的训练过程中，我们可以借助两个重要的工具，即为思维装上刹车和导航。

1. 装上刹车——提升觉察力

在日常生活中，人们往往受到快节奏和信息碎片化的影响，导致思考变得匆忙而肤浅。为了提升觉察力，我们要学会在思考的过程中放慢脚步，为自己的思维创造一些空间。这就像是为思维装上刹车，让我们有时间停下来观察、反思，而非被惯性思维的快速推动带着前行。

觉察力的提升涉及对思考内容的审视，关注思考中的思维模式、观点、偏见和情感影响。通过定期的自我反思，我们能够更清晰地认识到自己的思维过程，及时发现并修正惯性思维的陷阱。这样的刹车机制有助于我们更有目的地引导思考，避免发生过于冲动的思维行为。

2. 装上导航——知道做到

为了让理性思维更为系统、有序，我们需要为思考过程引入一个导航工具，确保我们的思维能够朝着明确的目标前进。这就好比为思考装上了一台导航系统，帮助我们在认知升级的旅程中能更加明晰地前行。

导航的关键在于设定明确的目标和方向。在思考的时候，我们可以明确自己的目的是什么，思考的路径是朝着什么方向前进的。这有助于我们更加有目的地选择、分析信息，并最终形成更为系统和完善的执行计划。导航不仅关注思维的结果，更关注思考的过程，确保我们在思考中不偏离正确的轨道。

因此，在认知升级的过程中，带上刹车和导航就像是给思考过程装上了关键的保障性工具。通过提升觉察力和设定明确的方向，我们能够更加有意识地引导和强化理性思维，并沿着思维刹车、思维导航、认知升级的脉络，逐步深入完成思维认知的系统跃迁，进而能更加简单、轻松地做成事。

我将在后面章节详细讲解这两个工具的具体应用。现在，你只需要清楚地意识到，这场游戏并非简单的娱乐，而是一次对心智的解锁与升华。我们将随着游戏的体验，不断领悟到游戏的本质——利用看似束缚我们的枷锁，去解锁内心深处的自由。挑战并非源自游戏规则本身，而是我们内心对规则的固执与依赖。就如同试图通过拽住自己的头发来脱离地球引力般徒劳，唯有放开双手，才能激发出超越自身局限的动能，一飞冲天，迈向无垠的宇宙。如此说来，每一步的行动都是一次思维的冒险，而真正的奇迹往往蕴藏在跨越思维边界后的勇气之中。

让我们穿越惯性思维游戏的迷宫，挑战认知的边界，寻找思维的自由之旅。在这场游戏中，尝试唤醒沉睡的想象，超越已知的领域，成为思维的冒险家，绘制属于我们自己的思维航线。这不仅仅是一场个人的冒险，更是一个共同构建开放、创新思维的群体游戏。每个人都是游戏的设计者，每一次突破都是思维的一次重构或转变。

思维加工——突破局限的自我觉察之旅

通过上一节的学习，我们了解到，为了突破思维局限，提升觉察力是至关重要的一步。只不过，在踏上这趟自我觉察之旅的途中，我们不可避免地会遇见一个游戏中的对手——思维加工。

当事情发生时，我们瞬间会得出一个结论，并做出相应的反应（行动），我们把这个思维过程叫作思维加工。通常，我们只注意到事件和我们为此产生的反应，而忽略"瞬间得出结论"的思维过程，这就是思维加工。

当事情发生时，大量信息涌入我们的大脑，迅速且自动地触发了一系列思维加工活动。在那一刹那，我们会下意识地形成自己的判断，并笃定其正确性。而这一过程，正是我们对外界刺激做出瞬时反应的核心与关键所在。这种思维加工并非单一的过程，而是涉及多个认知和神经系统协同作用的综合体，如图1-7所示：

思维加工

这个过程快到我们都不曾察觉

思维加工：当事情发生时，我们瞬间会得出一个结论，并做出相应的反应（行动），我们把这个过程叫作思维加工

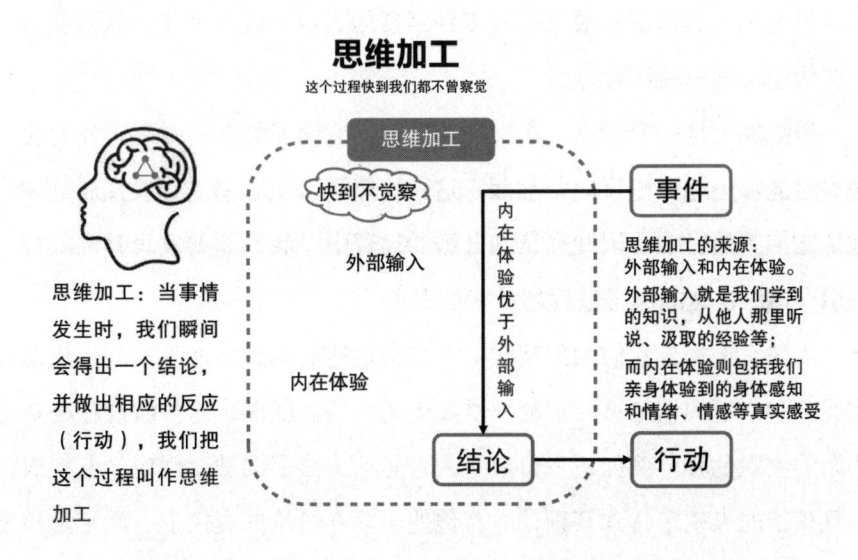

思维加工
快到不觉察
外部输入
内在体验
内在体验优于外部输入
事件
结论
行动

思维加工的来源：外部输入和内在体验。外部输入就是我们学到的知识，从他人那里听说、汲取的经验等；而内在体验则包括我们亲身体到的身体感知和情绪、情感等真实感受

图1-7 思维加工的过程

首先，我们的感知系统接收外界的信息，将感知到的刺激传递到大脑。通过包括视觉、听觉、触觉、嗅觉、味觉等感官输入，我们获取到关于环境、人物和事件的初步信息。

接下来，大脑的注意力机制开始对这些信息进行筛选，选择性地关注某些方面，而忽略其他信息。这种筛选是为了应对信息过载，使得大脑能

够集中精力处理最为重要或紧急的信息。

然后进入认知阶段，我们的大脑利用已有的知识、经验和价值观对感知到的信息进行解释和理解。这个阶段涉及记忆、学习和个体的文化背景等因素，这些因素共同塑造了我们对世界的认知框架。

在思维加工的这个阶段，情感和情绪也发挥着重要作用。我们对事情的情感反应可以迅速调动相关的情绪，进一步影响我们的思考和决策。这便解释了为什么相同的事件对不同的人可能引发不同的情感反应。

最终，我们从这个复杂的思维加工过程中得出结论，并采取相应的行动。这个结论可能是一个快速的决策，也可能是一个更深入思考的起点。这种思维加工的速度和效果受到多种因素的影响，包括个体的认知能力、情绪状态、过去的经验等。

思维加工是一个动态、多层次的过程，它使我们在面对复杂和变化的现实时能够迅速做出反应。然而，这种快速思考也容易受到惯性思维和其他认知偏差的影响，因此在认知升级的过程中，我们需要反思其局限性，并引导这一快速的思考过程趋于客观中正。

当现实不符合我们的预期时，大脑会迅速启动思维加工机制，依据过往经验和当下的情绪去"解释"所发生的一切。然而，这种解读往往带有浓厚的主观色彩。例如，一位成年人若是认为孩子聪慧就理应学业有成，一旦孩子的表现未达到其预期时，他便可能在情绪的裹挟下，断定是孩子学习态度不端正，进而试图通过指责甚至羞辱的方式来"纠正"孩子，却浑然不觉自己已被惯性思维与负面情绪所绑架，做出了失控甚至伤害性的举动。

这正是我们需要时刻警惕之处：思维加工虽然高效，却极易被情绪、经验以及既定成见所扭曲。倘若我们缺乏觉察，就可能在瞬间陷入偏见、误判，甚至采取失控的行为。

世界和你想得不一样——思维加工的三个局限

很多人觉得，既然客观中正地看待问题如此重要，那么我们尽可能让自己保持理性思维就可以了。但问题是，思维加工的天然局限性决定了我们不可能时时刻刻保证客观中正。

1. 疑邻盗斧——人只看自己想看的，只听自己想听的

有一个成语叫"疑邻盗斧"，意思是指不注重事实根据，对人对事胡乱猜疑。有些人只相信自己愿意相信的事，戴着主观成见的眼镜对人、对事，而事物也会按照他们的"预期"发展，使他们以为这就是真相。

与疑邻盗斧如出一辙的还有一个著名的心理学实验：看不见的大猩猩。观看者被事先告知要数清楚视频中穿白色衣服的球员之间传球的次数（视频中穿插着另一队，是穿着黑色衣服的球员在传球）。当观众给出自己记住的传球次数时，无论对错，所有人专注看视频数传球次数的时候，无人注意到视频中曾出现过一个身穿黑猩猩的人偶，从视频画面的左侧进入，在中间做了亮相的动作，然后走出视频画面的右侧。在我们的线下课上，有人不相信自己会看不到大猩猩，但这是真实发生的事情，甚至有人怀疑重放的视频被人调包了。

面对事实，细思极恐，生活中还有多少看不见的大猩猩被我们无视呢？人生没有回放，我们甚至不可能知道他们曾经在我们的生活中出现过，来不及修正和弥补。人们常说"机会总是给有准备的人"，这个认知上的"准备"的意义远远大于形式上的努力。

2. 目不见睫——思维加工像镜子，看得清别人，却照不见自己

目不见睫，字面意思是眼睛看不见睫毛，比喻没有自知之明。思维加工如同客观事物的一面镜子，别人是外在的对象，就照得清晰，但镜子却无法跳出来和自己拉开距离，给自己成像。人也是一样，看别人的问题能一清二楚，照看自己却是模糊的。最常见的是，帮别人分析问题头头是道，轮到自己就稀里糊涂。做错事情的时候，我们对待自己和别人的态度也截然不同。无论是在生活还是工作中，遇到这样的人，我们会说他们心术不正或者苛刻。殊不知，客观来说，人的思维系统天然存在着"没有自知之明"的局限。

比如，做PPT时出现了一个小错误，如果是自己，我们会轻描淡写地认为这是不小心造成的失误，改一下就好了；但如果换成下属同事，我们就会认为他们缺乏责任心，不够认真。再比如，很多家长在教育孩子时会要求他们今日事今日毕，学习成绩要向优秀的同学看齐，孩子的学习是没有任何干扰的清净环境，做不到是努力不够；而在对待自己的工作时却不这么认为，反而认为自己做不到是正常的。

这时，换位思考"目不见睫"这个思维的局限有助于让我们更全面、客观地看待事物。通过换位思考，我们能够更好地理解他人，减少对他人的主观偏见，也能更理性地审视自己的行为。

3. 井底之蛙——人总是以自己的视角看世界，也只能以自己的视角看世界

我们都知道《井底之蛙》的故事，也常常用它来讽刺那些见识短浅而又盲目自信的人。今天，每个人知道的一点点知识与人类文化的总和相比，就跟井里的青蛙一样狭小而有限。所以，严格来说，我们都是井底之蛙。但往往我们会尽量把这个词和自己隔离开，认为它是一个贬义词。

我们经常会发现这样一个现象：

小时候，子女很崇拜自己的父母，觉得他们无所不知。但随着孩子逐

简单成事

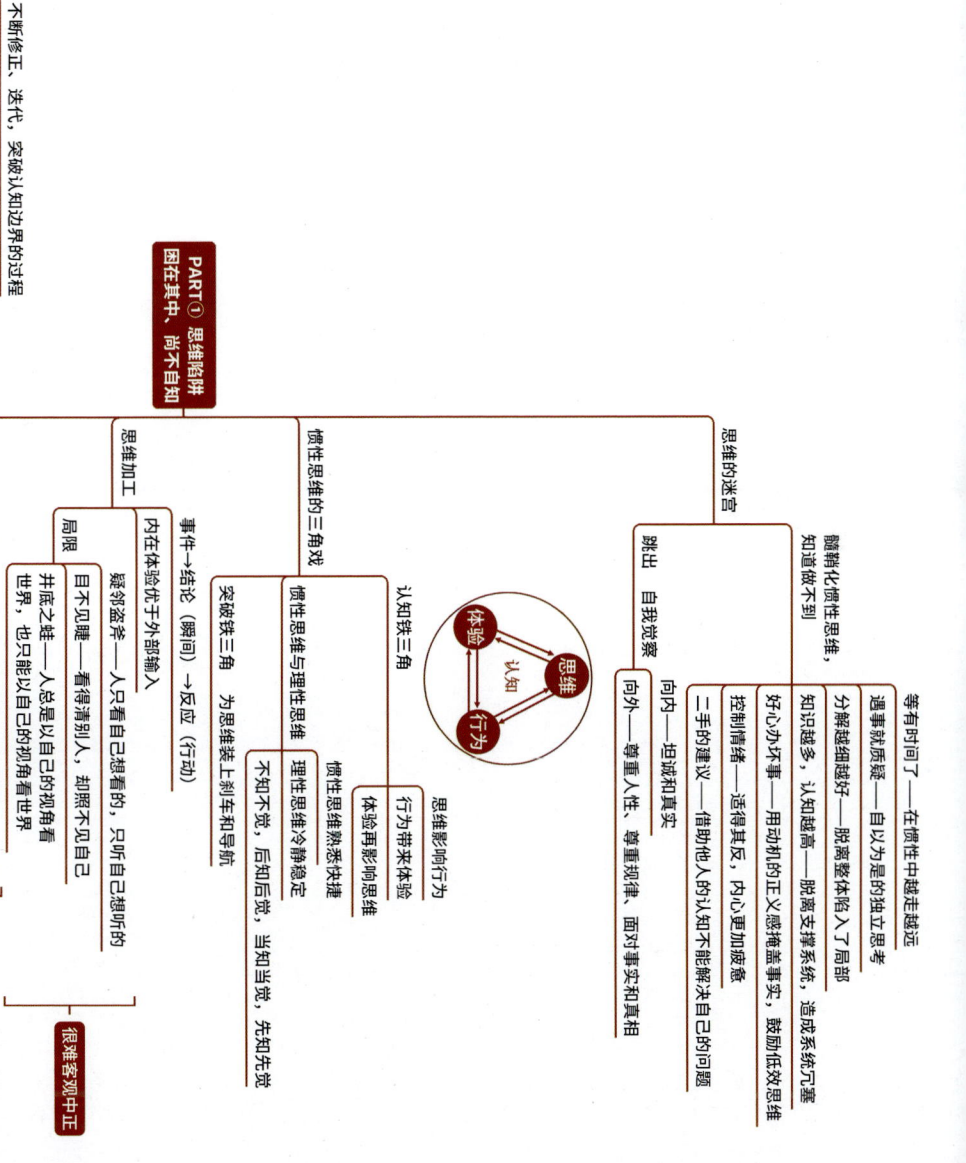

PART ① 思维陷阱，困在其中，尚不自知

思维的迷宫

- 新体验 ↔ 新思维 ↔ 新行为
  - 新行动→新体验→新思维
    - 身份定位
      - 做事的起点，也是成事的基点
      - 身份不是一成不变
      - 身份变迁是多维度因素的共同塑造
      - 自己的事，今不如昔
    - 明确当下定位
  - 对待思维bug的态度决定认知升级的品质
    - 不断修正、迭代，突破认知边界

惯性思维的三角游戏

- **认知铁三角**（认知 / 体验 / 思维 / 行为）
  - 惯性思维与理性思维
    - 惯性思维熟练娴熟
    - 理性思维冷静稳定
  - 突破铁三角，为思维装上刹车和导航

- **思维加工**
  - 事件→结论（瞬间）→反应（行动）
  - 内在体验优于外部输入
  - 疑邻盗斧——人只看着自己想着的
  - 目不见睫——看得清别人，却照不见自己
  - 井底之蛙——人总是以自己的视角看世界，也只能以自己的视角看世界
  - 局限
  - 自欺性——给人或事贴上标签后就不再探寻真相
  - 单线性——一点对点，不能并发
  - 双标性——严以律人，宽以待己
  - 趋易性——习惯做简单的事情，抵触难做的事情

- **思维特性**
  - 含混性
  - 口是心非也
  - 知小达大也

思维影响行为

- 行为带来体验
- 体验再影响思维
- 不知不觉，后知后觉，当知当觉，先知先觉

PART ② 很难客观中正

- **深度思考**
  - 把事实和想法分开
  - 同样的事：我的反应，怎样处理，这是完整的事实吗
  - 我到底要的是什么

认知

- **向内**——坦诚和真实
- **向外**——尊重人性，尊重规律，面对事实和真相

自我觉察

- 跳出
  - 髓鞘化惯性思维，脱离整体陷入了局部
  - 遇事就怀疑，自以为是的独立思考
  - 等待时间了——在惯性中越走越远
  - 分解越细越好，认知越高——脱离整体陷入了局部
  - 知识越多，认知越高——脱离整体陷入了局部
  - 好心办坏事——用动机的正义感掩盖事实，鼓励低效思维
  - 控制情绪——适得其反，内心更加焦虑
  - 二手的建议——借助他人的认知不能解决自己的问题

渐长大，有了自己的想法，面对来自父母的严格管控和不自知就会越来越不屑一顾。原因是父母管教孩子常常存在思维局限，只想着束缚，甚至呵斥，更因为对子女教育有各种自我预期，不懂得张弛有度。父母们不能把自己的孩子作为独立的生命个体去尊重，意识不到自己的主观意识并不能代表孩子的自身想法，规划得再好也无法替代孩子自身的成长和体验。更重要的是，这个过程中反而暴露了自己的"无知"或思维局限而不觉察。

殊不知，今天的孩子获取知识和认识世界的渠道非常丰富，自我意识和对生命的理解已经与父辈截然不同。通过操控和过度干预建立起来的亲子关系必然会变得千疮百孔。

未来会发生太多的事，而以我们的视角是看不到的，这就要求我们对深层次的认知要有所察觉，并且必须用平等和尊重的态度与身边的人相处，否则，我们时时刻刻只能处在井底之蛙的视角中，永远突破不了自己的认知局限。

我们在与他人相处时，彼此之间很容易产生误会或隔阂。倘若我们能对周边的人或事充满好奇，多提问"为什么？""他在做什么？"，当你拥有这样的觉察时，你的思维的局限性就会变小。你可以把自己想象成一只井底之蛙，然后再去突破，打开内心去想、去听、去看。

正如苏格拉底所说："我唯一知道的，就是我一无所知。"

从人类的思维局限的角度看，这些成语都是中性词，只是为了提醒我们不要目光短浅且自以为是，而成为孤陋寡闻、夜郎自大和安于现状的人。

以上三种皆属于思维加工天然的局限，这不是自我否定，也不是否定别人，因为只要是人，这三种局限在我们身上或多或少都会存在。

思维加工的主观特性决定了我们很难客观中正地看问题

《论语·子路》有云："君子和而不同，小人同而不和。"此言揭示了君子与小人在人际交往中的本质差异：君子能在保持和谐友好的同时，对具体问题持独立见解，不盲目附和他人；小人则往往缺乏主见，虽表面看似与人一致，实则内心并未真正尊重差异，寻求和谐共存。这一智慧洞见，恰恰映射了人类思维在面对问题时展现出的多样性和复杂性。

　　面对同一问题，不同的人往往会形成迥异的看法，这一现象深刻体现了思维加工的主观特性。我们的思维，作为认知世界的工具，不可避免地带有个人经验、情感、价值观等主观色彩的烙印，也就是天然存在局限性——不客观。正是这种主观性，构成了我们理解世界的独特视角，但同时也成为我们客观中正看待问题的天然障碍。

　　要超越这一局限，实现更为全面、深入的认知，就要有意识地培养批判性思维，努力从多个维度审视问题，尝试站在不同的立场进行思考，以期在"和而不同"的智慧中寻求更为接近事物本质的理解与共识。

　　如图1-8所示，当一个客观事物被思维加工，进入了惯性思维的认知铁三角中，思维局限的主观性已经使事物脱离了原貌。这种认知偏差使得

主观特性
受个人思维局限　很难客观中正

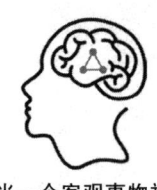

当一个客观事物被思维加工（我们的惯性思维和认知铁三角）后，就不被觉察，所以，我们会觉得"我是对的"

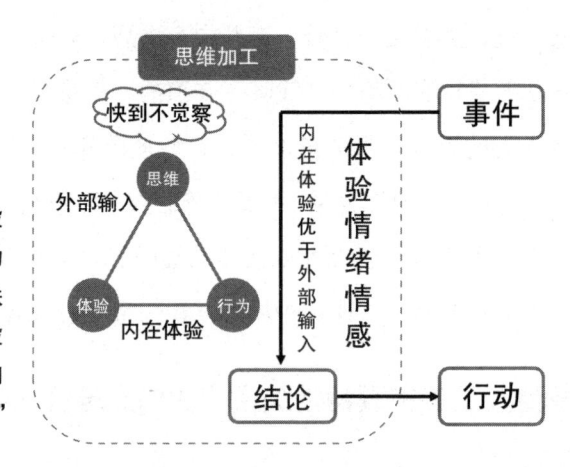

思维加工：快到不觉察　外部输入　思维　体验　行为　内在体验
内在体验优于外部输入
体验　情绪　情感
事件 → 结论 → 行动

图1-8　思维加工的主观特性

我们对事物的理解变得片面且受限，而即使面对偏离事实的观点或信息，我们可能仍然坚持认为自己是正确的。这种坚持往往根植于对已有思维框架的过度信任甚至更高层面的道德感的支撑，使得我们产生一种"我是对的"的坚定信念。而不觉察这种思维局限性会使我们陷入一种固执己见的状态之中，对他人的观点产生过度的排斥或反感。这样的认知可能导致矛盾和冲突的产生。当我们拒绝接受其他观点或对待异议时，就可能与他人发生分歧，进而形成矛盾，更为关键的是这并不利于解决问题，甚至还会激化矛盾，将问题复杂化。

关于"竹林七贤"[①]有这样一段故事：

嵇康与山涛是好朋友，但他们的人生观不同。山涛选择从政，还举荐了嵇康。然而，嵇康无意攀附权贵，为了保持自己的初心，公开声明与山涛绝交。后来，嵇康因为吕安仗义执言被迫害。临死前，他将儿女托付给了山涛，而山涛也没有辜负嵇康的重托，好好照顾着他的家人。

"即使我对你的人生观不认同，乃至绝交了，也不影响我们彼此对对方人品的判断和信任。"想象一下，这是一种什么样的精神境界？

在电视剧《觉醒年代》中，蔡元培作为北京大学的校长，全力支持陈独秀倡导的新文化运动，却也为辜鸿铭等持反对之声的学者给予学术肯定与广阔的辩论空间，尽显兼容并包的学术气度。

再看看当今社会，人际关系变得比较脆弱，动辄因"三观不合"而断绝友谊，周遭似乎充满了不确定性和风险，难以找到可以信赖与托付之人。但讽刺的是，不少人又常因微小利益而对他人虚与委蛇、笑脸相迎。

[①] 竹林七贤，即三国魏正始年间的嵇康、阮籍、山涛、向秀、刘伶、王戎及阮咸七人。他们时常相聚于山阳县（大概位于现今河南焦作修武县，或为云台山一带）竹林之下，饮酒、纵歌、肆意畅怀，世人称其为七贤，后与"竹林"合称为"竹林七贤"。

从宏观角度看，它反映了人们在精神层面上的自我束缚，以及个体人格与认知水平的某种退化。往深了说，提升认知水平不仅有助于个体找回自我价值与精神追求，以适应物质文明快速发展的步伐，更是推动人类社会整体文明进步、培养高素质人才必须要做的。从微观层面看，提高认知水平能帮助个体明确自身定位，在这个复杂世界里有一个生存依据，实现自我救赎。

我曾开设了一门"21天强者思维训练营"的线上课程，意在为大学生、职场人士答疑解惑。有一名学生在我们的公众号上分享了她学习课程后发生的改变：

在学习了这门课程之后，我发现自己每天的生活都有了微小的改变，我看待事情的角度和以往相比有了不小的变化。这种变化让我在学习和生活中轻松了不少。

对我来说，收获最大的就是学会思维刹车、接纳自己、宽容他人。在生活中遇到事情时，我们总是会在瞬间得出一个主观结论。思维加工、惯性思维和思维瓶颈等都是我们没有办法完全避免的，但是我们可以选择及时刹车转向。

其实，人人都可以通过思维训练实现认知升级，唯有正视"思维加工"并及时"刹车"（如图1-9所示），我们才能够更顺畅地完成从不知不觉、后知后觉到当知当觉、先知先觉的认知升级。而这一过程也是我们意识深化和思考质量提升的关键路径，更是我们启动觉察、回归理性的"第一步"。

通过这一认知升级的过程，我们从不知不觉中觉察到自己的认知偏差，通过后知后觉逐渐拥有当知当觉的能力，最终达到先知先觉的境地。

思维刹车
启动觉察 回归理性的"第一步"

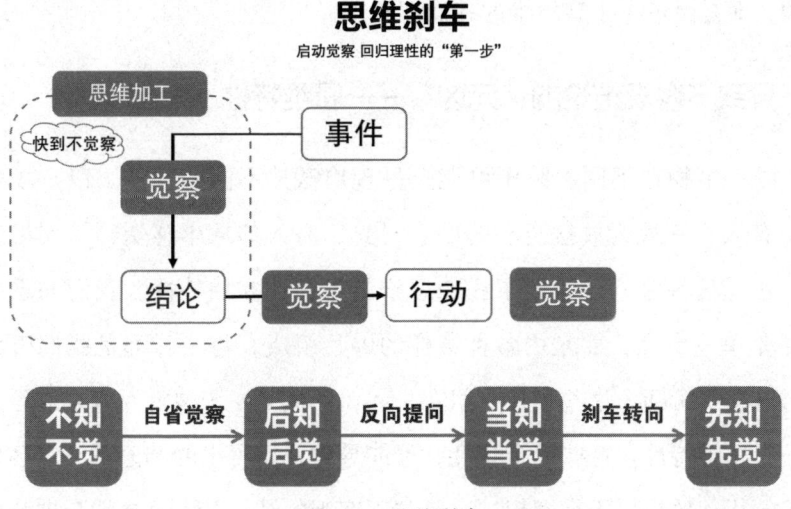

图1-9 思维刹车

这种认知升级不仅意味着更为敏锐和深入的思考,也使我们更有能力正视和应对复杂的问题。可见,觉察力的提升不仅仅是认知的深度拓展,还是自身成长和发展的一次深刻提升。

思维特性——给思维照照镜子

每个人的思维就像一面独一无二的镜子。透过这面镜子看客观事物时,会因它出现各种差异。这个思维的镜子并非中立无色,它被个人的经验、信仰、文化和情感所影响,有了独属于每个人的色调。

这个思维之镜并非固定不变,它会随着我们的成长、学习和各种经历而不断变化。但很多时候,我们没察觉到自己的思维模式正在主动筛选、塑造我们认知世界的方式。所以,我们所看到的事物常常并非客观事实的原貌，而是经过了主观思维的特殊理解。

导致不客观结论的"元凶"——思维特性

同一事物在不同人眼中可能会呈现出截然不同的模样。以一场雨为例，有人将其视为放松身心的惬意时光，有人却从中感受到了无尽的忧伤。正是这种多样性赋予了我们思维的丰富性和独特性。我们的思维之镜并非单一维度，而是由各种各样的碎片组成，每一片都是我们曾经阅历过的独特瞬间。这些碎片交织在一起，形成了一个独特而繁复的思维网络——思维特性。这些思维特性，可能导致我们得出的结论不一定客观，做出的行动效果也不甚理想。这些"不客观的结论"不经意间会把我们带入思维误区，导致选择决策失误。

思维特性1：自欺性——给人或事贴上标签后就不再探寻真相

自欺性具体表现为：**人总爱用一个简单的结论掩盖复杂的真相。给人或事贴上标签后就不再探寻真相，这是典型的自我欺骗**。这种思维特性让我们更容易陷入自我欺骗的漩涡，将复杂的事物归于片面的标签，从而失去了对事物本质的深入理解和探索。

在日常生活中，我们经常会看到以下一些表现：

我有拖延症→可以把事情放到最后做（现在缺少……资源和能力，正好可以逃避不用面对。逼到没退路时，让自己处在压力之下，脑子被激情刺激得飞速运转。但是，惯性思维高速运转无法形成理性思维的升华，例如逻辑性、条理性等。所以，看上去是按时完成任务了，自己不擅长的认知系统的学习和提升实则并没有发生，故而在惯性思维中循环往复，走不出自己模式的怪圈）。

他有病，别理他！→可以远离这个人，不用再有更多的交集（还是没能力和这类人互动）。有个男孩子上学时经常和另一个同学发生矛盾，虽然他妈妈也和学校老师反映过，但是，孩子说那个同学明知道自己烦他，还是会刻意接近自己，告诉老师也不管用……妈妈不胜其烦，只好和儿子说："他有病，你别理他了。"然后，妈妈就把这件事放一边了，这事似乎也因此得到了解决。直到学习了强者思维课后，妈妈才意识到自己竟然为了逃避问题而胡乱给人贴标签，以应付自己内心的无助和孩子的求助。细思极恐，这不是在身体力行地教孩子敷衍了事吗？但此前自己却并未意识到。

他就不是学习的料→可以听之任之，随他去吧。

没学会→不努力（帮他发现学习动力和乐趣要花更多心思）。面对学不进去、学不好的孩子，很多老师和家长都有这样的想法。

自欺性的思维特性很容易使我们陷入思维的舒适区。然而，真相是多层次、多元的。对于一个人或一件事，标签只是其表面的冰山一角或者是对自己有心理暗示的结论。真相往往隐藏在标签背后，只有当我们勇敢地迈出舒适区，揭开标签，愿意深入探究，才能逐渐接近事物的真相。自欺性可以使我们在无力面对复杂的外部环境时自洽，逃避痛苦，自我保护。重要的是，它到底是无奈的应付，还是主动的选择？

如果我们深谙思维的特性，就可以主动选择，把贴标签用在为人种下理想的种子上也是具有积极意义的。

思维特性2：单线性——点对点，不能并发

单线性思维特性：**思维是线性运作（点对点），不能并发，同一时间点只能思考一件事**。这种思维特性在某种程度上是我们与生俱来的专注度的基础，发挥好了，能让人的思想、语言和行为更加一致。但是，这个特性也容易使人因过于聚焦自己眼前的事而屏蔽其他条件，忽略了问题的多面性，造成对问题的失察。有些人在成长的过程中经常被打扰，比如玩游戏被告知怎么玩更好，看书写字时被提醒要专心，这些看似与"专心、专注"有关的教导，其实已经打断了线性运作的连贯性。形成惯性，严重的会被别的事物所吸引或干扰，这时思维就跳换到别的事情上了。长此以往，这样的人就容易发散不聚焦。当这种线性思考的特性不被注意而过度强调专注力时，就会导致我们陷入某种特定场景专注的局限中，使我们只能片面甚至偏执地看待问题。典型的例子是很多家长说自己孩子专注力不够，其实他们是特指孩子写作业时的状态。专注力是人持续聚焦在一件事情上思考和做事的能力，任何一个能持续的事物都可以衡量孩子是否有专注力，比如玩乐高、下围棋、练字、诵读等，做非物质文化遗产的手工艺品都需要心无旁骛，持久地专注于眼前的事，也可以锻炼专注力。

在日常生活中，这种线性思维的特性经常出现。例如：

- 思想开小差；
- 丢三落四；
- 说自己记性不好（重要的事都可以记住）。

这种单线性是思维的特性，即人在同一时间只能将思维聚焦在一个点上，不能并发。正如前文所述，当惯性思维与理性思维相互争夺思维通道时，若惯性思维抢占了通道，理性思维就会陷入停滞而无法正常运作。长此以往，极易导致思维定式的形成，也会严重阻碍创新思维和多元思考的发展。很多人之所以在学习与实践之间存在脱节，往往是因为缺乏主动训练自己打破惯性思维的意识。他们没有刻意尝试阻断思维惯性，将所学知识付诸实践，故而无法真正实现学以致用的效果。

为了充分发挥思维单线性所具备的聚焦、专注的优势，同时弥补其不能并发、难以全面考量多任务问题的缺陷，我们可以在分析问题时，选取一个线索或角度来记录、罗列与同一事物或问题相关的素材，再分别从不同的维度和侧面记录思考的进程和素材内容，最后将它们聚合到一起，并以时间作为参数，按时间顺序罗列出来。如此一来，我们就能构建出针对特定事物的思维沙盘，让我们能够更为全面、完整地看待问题，同时也提升了我们处理复杂事物多重信息的能力。

思维特性3：双标性——严以律人，宽以待己

双标性具体表现为：对自己包容，对他人却很严格。人都不喜欢被控制却想要别人"听话"，并经常"自以为是"。

这种思维习惯让我们在处理自己和他人的问题时，会有不一样的标准，而这也影响了我们与人相处和在社会上互动的方式。

当自身出现犯错或面临挑战时，我们会下意识地降低其不良影响，会给予自己充分的理解和安慰，将其归结于环境的因素或由临时的情境造成的。然而，一旦他人陷入相似的困境时，我们却会不自觉地夸大问题的严重性，对他人所设定的要求明显高于对自身的要求标准。例如：

- 孩子一回家必须赶紧写作业；我却要到最后时刻才会有创作灵感。
- 孩子没学会，就是不够努力（别人怎么都会？）；自己工作业绩完不成，就是有很多社会现实问题，自己无能为力。
- 看到别人从车窗往外扔垃圾，就认为他们没素质；自己随意扔垃圾，就是特殊情况，因为车里没有垃圾袋了。
- 我指导别人时，就是"我是过来人，你按我说的做就对了"；别人指导我时，就是"指手画脚地干啥，你干还是我干"。

这种双标性和上一节讲到的"目不见睫"的思维局限有一定的相关性。"目不见睫"强调的是思维存在的客观现实,而双标性有主观因素的成分,在人际关系中常常导致冲突和误解。我们常常希望他人能够理解自己、关心自己,倘若得不到满足就会失落难过。同样地,我们未能揣测他人的心思而被人埋怨时,又会感到很委屈:"需要什么他也不说!我又不是他肚子里的蛔虫,我怎么会知道他想要什么?"

我们通常会反感被他人过度掌控与操纵,强调个体应具备的独立性和自主权。然而,在与他人交流互动时,我们又可能会不由自主地对他人表现出指导和期望的行为,期望他人能够"乖巧听话、欣然接受"或者按照我们的期望行事。那些讨厌别人指挥自己开车的司机也经常会不自觉地指挥别人开车,并且还会为自己寻找理由,声称别人是瞎指挥,自己则是当机立断地帮助司机避免意外事故的发生。这种自以为是的倾向可能会导致他人产生被操控和被束缚的感觉,进而引发他人的反感与抵触情绪。

总的来说,双标性是一个普遍存在于人类思维中的棘手难题,不过通过借助自我觉察与心理调整等方式,我们可以逐渐减少其负面影响,构建更为客观中正和包容的思维模式。

双标性积极的方面是可以帮助我们更有效地保护自身,切实维护自身的核心利益。

思维特性4:趋易性——习惯做简单的事情,抵触难做的事情

趋易性具体表现为:喜欢选择做简单且熟悉的事情,一旦遇到困难重要或陌生的事情时,就容易选择绕过或放弃,在错失机会后又会说"如果当初……就好了"。

这种趋易性的表现特征在日常生活中随处可见,只不过是我们不太留意罢了。例如,在过马路时,有过街天桥和地下通道两种通行途径可供选择，尽管二者上下楼梯的距离相同，但人们通常会优先选择走地下通道。这是因为地下通道是先下楼梯，而过天桥则需要先上楼梯。在主观感受上，人们往往会认为下楼梯更为轻松省力，相比之下，上楼梯则显得费力一些。在地铁站或高铁站，当需要上楼时同时具备电梯和楼梯两种选择方式，绝大多数人会选择坐电梯，即便有很多人在排队坐电梯、电梯的行进速度很慢，仍然没什么人选择走楼梯，大家始终会选择容易且省力的方式。当我们面对一个新的领域、一项陌生的任务或一个具有挑战性的目标时，很容易感到不适、有压力，从而选择回避或放弃。与之相反，我们更倾向于选择那些熟悉且易于掌握的事物，因为这能够为我们带来一种安全感和舒适感。例如：

我们总是会不自觉地催促孩子，毕竟"唠叨"不费吹灰之力。可要想有目标、有计划地帮助孩子培养良好的学习习惯，我们就要付出很多努力，并尝试各种新方式，还可能收效甚微，困难重重。

同理，看搞笑短视频不用深度思考，而且轻松惬意。但是，要专注地研读一本好书，尤其是思想深邃，需要系统学习的书籍却并非易事。现如今，越来越多的人被短视频和碎片化信息塑造了思维定式，不愿意再进行深度学习、探究。

说到学习，现在有很多人热衷于记忆知识，比拼知识储备量，因为这比把知道的知识应用于生活实践而言，挑战更小。

所以，人们更愿意做熟悉的事情，抵触做陌生的事情，这是思维的本能反应。当然，我们总会找一个说服自己的借口：从来没人这样做，一听就不靠谱。

然而，趋易性所带来的回避和放弃，可能会成为我们个人和职业发展的绊脚石。在舒适区内久居不出，意味着我们可能错过了许多挑战和学习的机会，限制了自身的成长。而当错失机会后，我们又会陷入后悔之中，想象着如果当初勇敢一些，或许会有不同的结果。有些孩子并非天生的学霸，在学习上遇到困难也会本能地选择逃避，经常会被老师、家长说"懒"，其实也是趋易性的表现。如果能通过降低目标、减少任务量，让孩子在克服学习困难后更易获得鼓励，增强认知铁三角中愉悦的体验感、获得感和成就感，进而逐步培养学习兴趣，优化学习方法，其学习热情一定会有很大的提升。新工作、新环境以及人生中的诸多挑战，均可借鉴这个方式提高适应能力，激发潜能。

不过，趋易性也并非毫无益处，它能让人不会轻易冒险，确保行事安全。

思维特性5：急功性——凡事急于求成，缺少持久的耐心

急功性具体表现为：**功利主义，急于求成，短期效应，眼前利益。**

具体而言，人总是对近期的结果过于乐观，对长远的结果过于悲观，急于求成，遇到阻力容易放弃目标，不坚定。前面提及的思维的自欺性和单线性又会让我们在考虑问题时过于乐观或者考虑不全面，遇到困难就觉得难度大，其实，只是预期过于乐观，做成事需要的条件就那么多，并没有变化。近期期望与现实之间的心理落差大就容易让人对未来丧失信心，加之世界的不确定性也会让人对未来的预判超出自己的认知边界，所以，对于长远未来的预期往往低于事物发展的真实演变。于是，我们便会失去耐心，很容易放弃，见到别人坚持下来的意外成果又会感到后悔。

有个活动现场调研：假如现在能预录取你进北大上学，条件是从今天起的六年时间里，每天6点起床，背50个单词，锻炼半小时，再专心学习8

小时,做不到就提前取消录取资格,你能做到吗?大家都觉得能。但如果是要你定一个六年时间考上北大的计划,内容同样是每天6点起床,背50个单词,锻炼半小时,专心学习8小时,你能做到吗?几乎没人会认为自己能做到。如果你真能这么做,有很大机会上北大。其差别在于你对未来的结果是否确定。

急功性固然能够带来一时的快感,但只有树立长远目标并不断努力,才能实现真正的成功和满足。数字技术带来的社会变革让很多人在选择决策时更加趋向急功性的思维特性,做事更加功利、现实,也确实催生出很多行业头部的IP明星,造富、造星、造梦,但大多是昙花一现。真心选择坚守基业或攻坚难题的人反而成了少数派。这正应了诸葛亮《诫子书》中的告诫:"年与时驰,意与日去,遂成枯落,多不接世,悲守穷庐,将复何及。"要克服这种思维的特性带来的影响,最好的办法就是以终为始设定目标。

当然,急功性也有好处。它能让人变得更加务实,从而避免好高骛远、纸上谈兵。

深度思考,选择决策——发现更真实的自己

在上述五种典型的思维特性的影响下,我们在生活和学习中往往会陷入一系列误区和思维陷阱,限制了个体的全面发展和对事物的全面理解,影响了我们的认知和行为。例如:

- 遇到问题希望直接得到方法。(简单,容易;快速见效;单线;自欺。)
- 你不要问那么多,照做就好了。(不清楚目标,个人理解或有

出入，往往效果不好还不负责任。）

● 购买学习产品，给得越多越好。（如果不能学以致用，就是徒劳地多知道一些和自己无关的事。）

● 上课、学习以为有录音、录像就可以更有利于复习。（其实大多数时间不会再用，也不会再看。但是，这容易导致上课不专心，还占用了大量的存储空间。）

这些思维特性是所有人的共性，正视这些思维特性和局限的存在也是正视人性、尊重人性的体现。但要避免陷入这些误区，我们就要不断反思和调整自己的思维方式。通过深度思考，发现更真实的自己，做出更有利于自身的选择与决策。

1. 刨根问底，把事实和想法分开

这一过程旨在确保我们对事物的理解更为客观、全面，为深度思考和仔细分析提供可信赖的素材，避免受到主观想法和误导性信息的影响。

首先，将事实和想法分开是确保我们理解问题的关键一环。我们常常会受到自身主观意识和社会环境的影响，容易将事实与个人观点混淆。把事实和想法分开，意味着要面对事实，用客观的视角看待事物。而被剥离出来的思想，即观点、判断、分析等思维内容被单独拿出来审视，能让我们看清思维加工的过程与路径，避免被个人情感和偏见所影响。这种分析能力能帮助我们精准地把握问题的本质，不被主观因素所干扰，是所有理性分析、决策的基础。

其次，刨根问底意味着我们要深入挖掘问题，不满足于抽象概念或者表面现象。每个具体的概念和理念都要找到对应的事实依据和相关的素材，这需要我们自己的观点与理解，以确保对事实认知准确。深入挖掘能让我们找到问题的深层次原因，而不仅仅是停留在表面或主观的解释上。

最后，我们还要警惕一个常见却隐蔽的误区：把"想到的"当作"做到的"，把"设想"当作"现实"。想法的生成和行动的完成是两个完全不同的过程。很多人以为有了计划就等于走在了执行的路上，有了愿望就等于完成了一半，但真正的成长不在于脑海中构建了多少"如果"，而在于真正做了多少。

因此，我们需要将脑中的"设想"与现实中的"行为"明确地区分开来：把已经发生的，按照时间线还原成具体事实；把尚未发生的，看作是一种待检验的可能。思维清晰的人，能把"已经做过的"和"计划要做的"准确剥离，不沉溺于自我感觉良好的"虚假完成感"中，而是在行动中不断校正预期，在反馈中不断优化路径。

当我们有意识地进行这种分辨与校准时，就能更真实地看见自己：我们真正做过了什么？哪些只是脑中闪过的构想？哪些是模糊的期望，哪些才是已在落实的方向？这才是深度思考的最终指向——让我们从自以为是中抽离出来，找到真实的自己，做出真正有质量的选择与决策。

2. 当同样的事情发生在自己身上时，我们会有什么反应，会怎样处理？并询问自己"这是全部事实吗？"

首先，想象自己处于同样的情境，我们便能够深刻地体会问题的复杂性。所谓换位思考，其实是一个隐蔽的伪命题。如前面所说，每个人的思维加工机制都是独特的，体验也完全不同，我们的换位仅仅是以当事人的角度来思考和感受可能的情况。这种设想能够激发多种可能性的思考，而非局限于单一角度。至于这种假设是否真能体验或复原被假设对象的选择并不确定。我们会考虑自身情感、动机与可能的行为，从而更全面地理解问题，处理问题时也更包容。同样，我们还可以用这种代入方式询问他人的想法和反应，让思维视角更加开阔、全面。

其次，思考如何处理同样的情境，有助于我们制定具体的应对策略。通过设身处地地考虑自身可能的行为，能更实际地评估每个选择的优劣，并更好地了解可能产生的后果。这种深入思考有助于我们更理性地应对问题，而不被主观因素所驱动。

最后，询问自己"这是全部事实吗？"，则是为了确保我们的思考不会受到片面信息的影响。这个问题迫使我们审视自己对问题的理解是否足够全面，有无可能遗漏重要的细节。这种审视有助于我们摆脱思维的狭隘性，能更全面地理解和解决问题。

3. 培养自身主体性思考的能力，扪心自问"我到底要的是什么？"

通常，我们平时的学习都是对象性的，就是把某些知识技能当作一个客体去了解。如此一来，这些知识技能会在意识层面和实际做事的执行层面相互脱节，但又没有被明确意识到。这就会导致我们在做事时，道理是一套，行事又是一套，即言行不一。不同于我们惯常评价"说一套做一套"的人，是指责他言行不一的主观刻意。而这里的"言行不一"是指人对自己的思维行为模式的不觉察。所以，培养主体性思考的能力很重要，它能帮助我们深刻地理解自己或相关当事人的动机和目标，从而更有针对性地解决问题，提升自己对真实自己的了解与觉察。

通过扪心自问"我到底要的是什么？"这一问题，我们能够更加清晰地认识到自己的真实需求，而不被表象或他人的期望所左右。比如，拿职业生涯来说，有人在面对是否要接受一个新的工作机会时，就可以扪心自问一下。

PART 1　思维陷阱 —— 困在其中、尚不自知

- 职业发展目标:"我"可以考虑自己的职业发展目标是什么,所从事的行业是否具有可持续发展的潜力,这个新的工作机会是否更符合"我"的长期职业规划。这是思考职业发展的"父系基因"是否优良。

- 公司文化和价值观:"我"可以思考新公司的文化和价值观与自己的是否匹配;与现在的公司相比,是否有更好的工作环境和团队氛围。这是在确定职业选择时,判断企业的"母系基因"是否与自己适配。

- 工作满足度:"我"可以反思当前的工作是否让自己感到满足,是否能够(充分)发挥个人的潜力和兴趣。企业基因(父系基因和母系基因相互融合的产物)与自己的契合度。

- 薪酬与福利:"我"可以评估新工作的薪酬以及发展空间是否满足自己的经济需求和期望。这是个人价值与满足感的一部分。

- 工作生活平衡:"我"可以考虑新工作能否带来更好的工作与生活的平衡,是否符合自己对生活品质的追求。

通过借助"第一人称"视角的主体性思考,不断扪心自问,我们就能敏锐地捕捉到自己内心的真实渴望,让我们的决策更贴合自身的核心价值,才会更有意愿和动力调动已有的知识和资源去实践。就像李政道先生所说"给自己一个活下去的理由",避免盲目追随外部期望而失去自我。当学会对自己的思考方式进行向内提问时,思维之镜就成为一个自我纠正的工具,而不再被单一模式所固化。

错位等同——欺骗自己最深的是自己

思维之镜如同一面反映真实的镜子，每当我们在审视自己的思考方式时，就是在尝试洞悉内心深处的真相。然而，这个过程中常常伴随着一种错觉，即我们很容易将期望、愿望等同于实际情况来欺骗自己。

我在这里分享一个关于"朋友借钱"的故事。

大军在创业时遇到了资金周转的问题，便去找好哥们小明借钱。不巧的是，小明刚贷款买了一辆车，手里也不宽裕。小明担心自己不借钱会影响多年的朋友感情，又担心做生意有风险，大军万一还不上，自己也承受不起。纠结了许久的小明最后一咬牙，和大军说明了情况：自己没钱，没法借给大军。

大军觉得小明和自己这么多年的交情，却在自己最困难的时候袖手旁观，心里多少有点不爽，加上创业初期生意忙，他与小明的来往就少了。小明没把钱借给大军，心里也挺别扭，主动联系了大军两次，但大军都回复说忙。时间一长，两人便渐行渐远，朋友间的感情也变淡了。

大军认为，是不是朋友，从借钱就能看出来，即使对方没借钱给你，也怕被拖累，会立刻疏远你！小明认为不管你有什么难处，只要没借钱给朋友，这朋友关系也就完了！两个人都留恋曾经的情谊，对失去友谊感到遗憾，也有怨愤。

PART 1　思维陷阱 —— 困在其中、尚不自知

关于借钱这件事，很多人有着或多或少的困扰。我相信两个人交往的初心并非以借钱为目的，可最后怎么会变成这样？

不妨让我们先来还原事实的真相，再来洞察其背后思维的问题，如表1-2所示：

表1-2　还原事实真相，洞察背后思维

朋友借钱	
场景	大军找小明借钱
大军	不借钱=不够朋友
小明	没钱借=朋友疏远=失去朋友

跳出他们的思维，我们沿着下面的思路思考：

- 借钱是什么关系？借钱关系的人要怎样想、怎样做？
- 朋友是什么关系？朋友之间要怎样想、怎样做？
- 如果我没借钱给朋友，要怎样想、怎样做？
- 我们从案例中吸取了什么经验？

对照大军借钱的案例，以"思维加工"的现象来复盘整个过程，或许我们可以得出另一种结论。

首先，大军和小明是多年的朋友，那么他们成为朋友时是没有借钱的想法的，朋友关系的基础与金钱无关。

其次，大军和小明对待借钱这件事存在一定的思维局限，他们对借钱都存在自己"先入为主"的想法，即对这件事有预设，一旦事情的结果与他们的预设相吻合或相反，他们都会强化自己所看到的或所听到的，"加工"出与自己的预设能自洽的因果逻辑。

比如，小明认为没借钱会导致朋友疏离，有了对"没借钱"这件事先入为主的忌惮，所以就在拒绝大军后对维系二人的关系有所担心，遇到大军忙就自然而然地和自己的担心联系起来，印证二人的关系被破坏了。

大军的心里也有自己的小疙瘩，他对向朋友借钱有预期，觉得小明应该仗义相助，没有得到帮助自然会感到失落。但大军却没有想过，创业是自己的选择，不是小明的义务。事后，小明再想与他相聚时，除了创业忙，他的热情不高也是一个原因。两个人的关系疏远之后，他们都用借钱的"后果"来印证自己的观点，而忽视了借钱的观念才是关系疏远的"前因"。正所谓："人只看自己想看的，只听自己想听的。"

最后，当两个人的关系渐行渐远时，他们都只会寻找对方的错，而看不清自己观念（思维）上的误区，最终失去了多年的朋友。

那么，我们应该如何处理类似的事情呢？回归事情的本质，它是两个关系。一个是朋友关系，他们的朋友感情本来是纯粹的，没有任何利益纠葛，所以彼此才很珍惜。另一个借贷关系，要看能力，是否有能力借、是否有能力还，风险的保障在哪里？银行之所以能和客户发生借贷关系，不是因为对客户有感情，是风险可控，要么你有抵押物，要么你有信用。这两条在他们之间显然都不成立，一个没实力借，另一个没有保障还。所以，他们之间的借贷关系不成立是正常的。问题出在他们都对朋友关系附加了额外的条件和义务——彼此帮助，甚至是不顾自身能力的客观现实的帮助。能力范围内的帮助能增进感情，超出能力范围的帮助会使彼此都不堪重负。他们的问题恰在于此。

所以，我们应该认识到：借钱超出双方承受力而拒绝是常态；朋友间互相帮助是情分，不帮助是本分。借钱只是交往的一个小插曲，过后关系依旧，偶尔缺席聚会不影响感情，因为真正的友谊能容忍"不凑巧"。在日常生活中，人们易受惯性思维的影响而不自知，情绪随之波动，难以控制，而且这种现象较为普遍。我们常常会自欺欺人，不耻那些将友谊与商业做简单类比的人，却忘了自己有时也在用金钱衡量友情，并陷入思维局限。破局的关键在于发现思维中的错位等同：朋友≠借钱，不借钱≠失去友谊。实际上，要想改变生活现状、打破惯性思维，应从纠正这些错误等同开始。

错位等同——在生活中无处不在

在图1-10中，你的第一感觉会不会认为二者极为相似？

图1-10 常见的错位等同

这是因为**在对事情进行分析、思考之前，思维定式已经把当前的事情与其他一些事情进行了关联或置换，从而导致思维发生了失真反应**，进而引起思维错位，这种思维现象被称为"错位等同"，是思维加工的一种典型现象。

换言之，错位等同就是在自我思维加工机制的作用下，对某些事情进行加工和定义后，将其与其他一些事物强行关联或置换。然而，这种置换没有充分的事实支撑，也没有因果关系，更不符合客观规律和逻辑，而我们却不自知。

生活中的错位等同现象还有很多，如图1-11所示：

困扰

- 看手机=闲聊=耽误学习？
- 指出孩子的错误=看不起家长？
- 忘了纪念日=不重视我=变心了？
- 我为你好=我是对的=你要听我的？
- 不借钱=不能做朋友？

……

图1-11　生活中还有很多错位等同现象

　　由于错位等同的存在，人们丢掉了客观判断事物的理性思考——把好事想成坏事，把想象当成事实——**你以为的不一定是事实的真相，也不一定是正确的结论**。就好像孩子爱玩游戏一定等同于影响学习吗？工作忙得不可开交一定等同于效率高吗？答案是"有可能，但不绝对"。我们常常会对那些故意颠倒黑白、混淆是非的人深恶痛绝，尤其痛恨他们指鹿为马的行为。可是，生活中的这些错位等同又何尝不是"指鹿为马"呢？只是，我们不仅缺少了赵高的权谋，也没有搞出这么多的错位等同的"假马"的阴险目的和动机，甚至根本不知道它们的存在，却被自己的错位搞得疑神疑鬼，相关的人也跟着痛苦不堪。其实，欺骗我们最深的那个人是我们自己。

　　我们常会被自己的固有思维框住，无论是自己的经验，还是他人告诉我们的常识，当我们无条件接受时，往往不会考虑其他可能，在惯性思维的作用下就不再思考，不再反问"为什么"。

　　人类的思维就是如此奇妙，只要是思维接受了以为对的事，再遇到时总会本能地愿意去相信，不再去思考和质疑了。例如：失败是成功之母；不要让孩子输在起跑线上……小到鸡毛蒜皮的事，大到人生决策，我们以为正确的东西背后又隐藏了多少认知的盲点和错位等同呢？

不只是大人，小朋友也会有错位等同的想法：

- 你爱我为什么不满足我，爱我就该答应我的要求……
- 她妈妈爱她就给她买……
- 爸爸妈妈的东西不就是我的东西吗？

很多时候，家长如果没有清晰的思维，一听到孩子说这些就怂了，乱了方寸。其实，小朋友的错位等同往往是受家长影响的。比如，家长会说："听妈妈话的孩子就是乖孩子。宝宝，你是什么样的孩子啊？"说这种话的家长看上去很聪明，实际上是潜移默化地教育孩子盲目接受输出，思维不讲逻辑，这是变相培育PUA（一种精神控制的方法）和被PUA的思维土壤，最终受害的是自己和孩子。

反向提问——给自己一秒钟的时间，让结果变得更好

人的思维天然地倾向于在原始模式中保持一种安逸感和舒适感。当我们遇到熟悉的观念或信念时，很容易陷入一种本能的相信，而不愿深入思考或质疑。这种思维模式可能会让我们在面对新的信息时过于武断，从而忽视深入思考的机会。

在这样的情境下，运用我们在前文中讲到的工具——及时"刹车"——成了至关重要的一环。

如何"刹车"？

简单来说，最初级的刹车只要通过反向提问就可以启动自我觉察的机制。限制性思维出现时，我们可以尝试反问自己：一定吗？必然吗？符合逻辑吗？给予自己一段短暂的时间来思考、质疑，并从中解放出更为理性和客观的深度思考。这一秒的重新审视，可能使我们看到更多的可能

性，发现隐藏的信息和更多选择，从而使我们的思考变得更加灵活而全面，让结果变得更好。

这个过程（如图1-12所示）使我们能够超越原始模式的限制，接纳新的信息，而不仅仅停留在过去的信念中。这种及时的思维刹车和反问，是对自己思考方式的一种积极调整，也是开启更高水平认知的关键一步。

刹车：反向提问

给自己一秒钟的时间 让结果变得更好

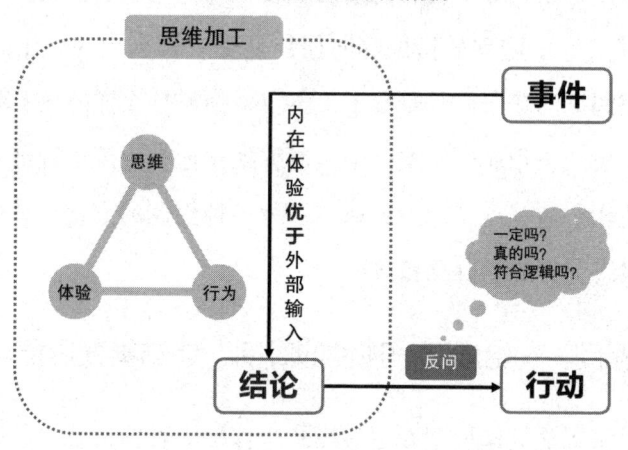

图1-12 刹车：反向提问

与此同时，反问的过程就是自我觉察的过程，通过保持对生活中言行的觉察，能够让我们打破原有的认知铁三角。如果我们和身边的人都有这个觉察力，矛盾冲突自然会少很多。在后面的章节中，我还会详细讲到如何辩证使用刹车与导航的思维模型。总体而言，自我觉察是一项全方位的认知能力，它需要先在意识、意愿和能力这三个方面形成一个有机的整体。

1.意识——有发现错位等同的意识

自我觉察的关键在于培养对错位等同的敏感意识。意识到自己可能存在的主观偏见是打破思维困境的第一步。通过日常的观察和思考，培养对于错位等同的敏感性，能够使我们更加迅速地察觉到自己可能产生的误解和偏见。凡是遇到消极负面的或绝对性的想法时，都可以尝试采用反向提问。

2. 意愿——有纠正错位等同的意愿

有纠正错位等同的强烈意愿是自我觉察的关键。觉察需要有自我超越的勇气，有对于追求真相和提升思维效能的积极渴望。通过培养纠正思维偏见的决心，我们可以更坚定地走出原有的思维困境，接纳新的认知，使思维变得更加灵活且富有深度。

3. 能力——有区分错位等同的能力

具备区分错位等同的能力是深度自我觉察的体现。这要求培养信息辨析力，区分事实与想法，从多角度审视问题，判断结论与素材的逻辑关系。提升辨别真伪、逻辑及主客观的能力，能更准确地识别并摆脱错位等同及固有观念的束缚。

在思维迷宫中，我们常追寻真相，却常被自我编织的错位等同迷雾所蒙蔽。自我欺骗往往难以揭穿，是最深的欺骗。每次审视思维、及时刹车，都是对内心真相的重新认知。保持警觉，追逐破雾之光，用清醒的意识、敏锐的能力和坚定的意愿穿透错位等同的幕布。如此，我们方能实现思维升华，以清醒的目光审视思考方式，迈向更宽广、更清晰的认知境界。

打破思维瓶颈——井底之蛙也能看到更广阔的天空

从掉进思维陷阱到跳出思维迷宫,是一场勇敢的冒险,也是对内心的解放。在这个过程中,我们不断拓展思维的边界,突破固有的观念与瓶颈,从而看到更广阔的认知天地。

之前,我们就像一只井底之蛙,视野狭隘。思维的瓶颈如同井口,让我们感到困顿、窒息,只有跳出深井才能看见更为辽阔的宇宙。可见,突破思维的瓶颈是走向认知自由的道路。

在突破思维瓶颈时,我们或许会惊觉被自己的思维局限束缚,徒增许多消耗,甚至会相信人生的痛苦都是自己制造出来的。

例如,下面是一个关于"办公室政治"的故事,看看原本很和谐的氛围是怎么被打破的。

丽丽是个海归,第一天上班,部门主管老王主动和她打招呼:"你是哪个学校毕业的?"丽丽忙着放东西,顺口回了句:"刚从国外回来。"老王"哦"了一声,有点不高兴,觉得她答非所问,很傲气。大家注意:丽丽在回答老王的问题时有点紧张,而且正在忙着安放自己的物品才会这样。前述思维特性中的单线性的特点很明显,思维没在嘴上,而老王先入为主地对丽丽的回答进行了"加工"。

当晚,部门按惯例为欢迎新员工丽丽举办聚餐,不过老王因为拜访重要客户没参加。聚餐时，丽丽和同事们聊了很多，也提到自己并不是"富二代"，学习成绩一般，在国外读的也不是什么名校，所以不太愿意和陌生人提及这些。但是，她强调自己全凭个人努力完成了学业，文凭是货真价实的，回国就想好好工作，做出点成绩。同事们被她的真诚和热情打动，都很喜欢她。

第二天一上班，老王看到大家聚在一起吃早餐，听丽丽兴高采烈地谈论在国外的生活，想到她昨天对自己漫不经心的样子，心里就莫名地冒火："这女的是不是看不起我？不就是个海归吗，有什么了不起的！"自那以后，老王一见到她们闲聊就不舒服，有时还会直接上前制止："别闲聊了，赶紧干活去！"同事们都觉得老王变得有点奇怪，但是毕竟是工作场合，老王说得也对，大家也就没多深究。

丽丽一直想和老王搞好关系，融入团队，有空就找老王聊天，累了就给大家买奶茶，可始终感觉老王很难亲近。同事们似乎也渐渐与她疏远了。以前，丽丽就听说"办公室政治很残酷"，现在自己被排挤可能就是遭遇了办公室政治。她想辞职，又怕到了别的单位情况更糟。老王觉得自从丽丽来了之后，把部门的风气都带坏了。本来市场竞争就激烈，业绩都快完不成了，同事们也和自己变生分了，每次他们有说有笑，一看到自己就都不说话了，这让他感到很不自在，做事也不顺利，心里苦闷不已，甚至怀疑自己进入了事业瓶颈期。

请思考以下问题：

- 他们各自的想法中哪些是事实，哪些纯粹就是思想（想法、观点、判断）？

- 事件的全貌是什么样的?
- 如果丽丽刚到新环境回答问题用心点,老王多了解一点情况,会怎么样?
- 职场中,买奶茶、聊天真能有效融入吗?职场中不闲聊就是好好工作吗?
- 对这件事的认识不能提高,在其他事上还会发生类似的情况。

其实,生活中的很多矛盾冲突都是误会造成的。"一念天堂,一念地狱",在我们的生活中是真实存在的。回到这个案例本身,我们先来复盘一下,具体如表1-3所示:

表1-3 还原事实真相,洞察背后思维

办公室政治	
场景	刚入职的丽丽与部门主管老王
老王	海归=傲气=富二代=吃喝玩乐=不务正业
丽丽	融入=聊天=一起吃喝;关系不和谐=办公室政治

丽丽误以为职场充满了办公室政治,虽不明确其含义,却因此变得过分警觉,将同事的细微举动视为办公室政治行为,这阻碍了她对职场问题的深入思考。她未意识到职场地位本质上是基于能力与业绩,而非表面的友好,良好的同事关系应促进能力的提升,而非无谓的消耗。

老王则因主观臆断,将丽丽的行为曲解为怠慢,心生怨恨,并迅速形成固定认知,淡忘事件诱因,只留下负面结论,甚至影响了对其他同事的看法,无端产生新误解,导致情绪低落,人际关系紧张。若他能审视自己的思维过程,或许就能发现问题所在,但他缺乏识别错位等同的意识与能力,更不愿意改变,反而将职场问题转化为职业发展障碍,持续自我消耗。

生活中，有些时候，错位等同叠加就把好端端的关系破坏了。比如：**"我们是朋友"="我为你好"="你应该听我的"；而"你不听我的"="你不信我"="我们不是朋友"**。没发生什么大事，关系却悄无声息地破裂了。

这种微妙的误解，往往并不来自事实本身，而是我们对事实的"思维加工"出了问题。我们更习惯于从自己已有的认知、经验和情绪出发，为他人的动机编写"合理剧本"。就像井底之蛙，自顾自地演绎对方的想法，却忘了打捞最真实的"素材"。

这时，"刹车"就显得尤为重要。如果我们愿意暂停一下思路，抽离情绪，尝试用"事实"去求证，而非用"猜测"去推断，很多误解其实根本就不会构成矛盾。真正的分歧常常不是事情的本质不同，而是我们认知路径中的偏差。

在这一过程中，有一个容易被忽视的机制，就是人类思维中"经验自我"与"记忆自我"的错位。

"经验自我"是我们在当下真实经历的感受，基于此做出即时反应；而记忆自我则是我们事后回顾、加工，甚至"美颜"过的版本，它往往带有主观筛选与情绪滤镜的色彩。问题是，我们做大多数人生决策时，依赖的却是"记忆自我"而非"经验自我"。

也就是说，我们不是根据事实在决策，而是根据我们以为的"曾经的事实"在行动。而这些"记忆"，早已过度压缩、删改、标签化，往往与事件的真实感受相去甚远。

这也解释了为什么有些人总说："我明明当时觉得挺好的，现在怎么越想越委屈？"因为他不是在复盘真实发生的事，而是在与被加工过的"记忆版本"不断对话。

要突破这种误区，我们不仅要在当下觉察自己的体验，更要在回顾时区分：哪些是我们确实经历过的事实，哪些是我们"加进去"的情绪或误解。唯有如此，才能避免让"记忆的错觉"绑架了我们的判断。

当然，这一章所讲的思维加工的三个局限和五个思维特性，本质上都会影响我们对事实的重构，从而加固了思维的盲区与误区。正因如此，我们要主动建立起一种"复盘型思维"：不被情绪牵着走，不让印象掩盖真相，而是用事实与过程去还原一个更清晰、更真实的自己。

可见，人的思维加工天然存在系统BUG（漏洞）。但与计算机系统不同，人类的思维系统并不是冷冰冰的机械程序，而是由复杂的心理变量、情感反应和成长经验共同驱动的开放系统。

它是可以调试、可以进化的。**真正让思维清晰、情绪稳定的，不是压抑感受，而是通过做事中的实践反馈、真实数据和结果复盘，逐步校准自己认知的"底层逻辑"。**

遗憾的是，许多人从未接受过"如何做成一件事"的系统训练，对目标的理解、路径的拆解、资源的运用都缺乏有效方法。他们的大脑里装着太多声音，却找不到一个最值得被听见的判断。

这也正是当下许多心理困扰频发的根源。学业、职场、家庭压力是一部分原因，但更深层的是我们缺少对思维系统本身的管理与审视。当一个人能让狂奔的思绪暂时刹车，重新整理认知逻辑时，心理问题，其实已经解决了一半。

刹车与转向——停一停，找到完整的事实

想要修复思维加工系统中的BUG，最好的解决方法就是刹车与转向，具体如图1-13所示：

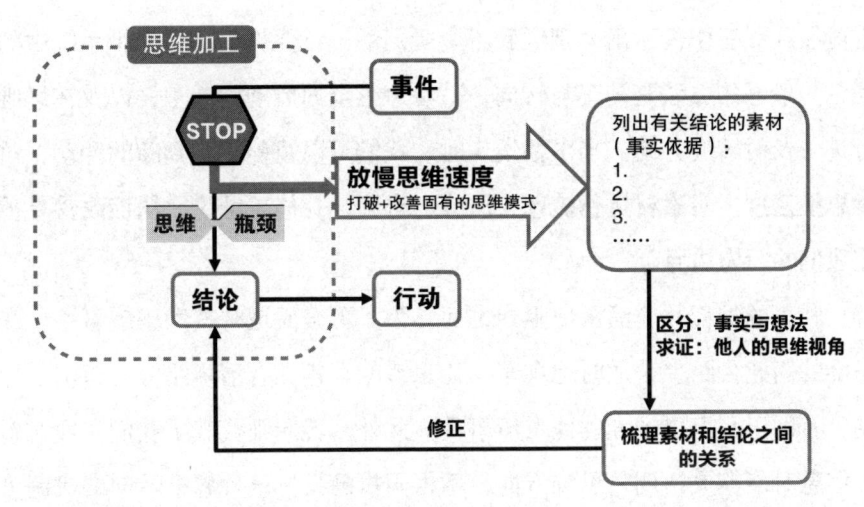

图1-13 刹车与转向

当事件发生时，思维刹车前置，转向，放慢思维速度，对结论进行梳理，罗列支持结论的素材都有哪些？对素材进行梳理，探寻自己的素材，区分是事实，还是思维？观点、判断、推测、演绎等都是思维而不是具象的事实。然后去求证他人，同样的事情发生在他人身上，他们会有何反应？即求证他人的思维加工。你会发现和我们想法相同的人微乎其微，有的甚至大相径庭。经过这一系列的操作后，我们会发现自己的结论和素材之间并没有绝对的必然关系，于是就有机会修正结论，改善行为，突破原有的思维瓶颈。即使没能立即改变，也会对自己原有的认识有所觉察，允许别人有不同的行为发生，不会过于固执己见。

这里我们要强调一下，**求证是复原、描述事件的过程，即探究他人作为主体时对同一事件的思维加工，包括他们如何反应、持有什么观点**。然而，对自己思维局限没有意识的人往往会混淆求证和求认同，他们拿出自己对事件加工后的结论，去求证他人对自己做法的看法，这并非真正的求证，而是为了求得认同，对自我超越没有帮助。大概率对方也会说"你是对的"，否则可能会损害关系。即使你尝试"客观陈述"，你的肢体语言也可能在无意中传达出"别说我不爱听的话"。要修复这些思维系统中的问题,最好的方法是刹车与转向——在思维全面启动前刹车,以及在思维行进中及时转变方向。**当事情发生时,我们可以暂停主观判断的冲动,放慢思维速度,对素材进行梳理、区分、求证,并修正结论,从而改善并扩充我们的行为边界。**

刹车的过程并非消极地阻断,而是为了更全面地观察和理解事件。在思维的高速公路上,适时地刹车,让思考的车辆在有清晰路标的指引下行驶,有助于我们更加准确地看清事件。此外,转向则代表了我们在面对新的信息时能够灵活调整思维方向,不再固执己见。这种思维转向的机制可以让我们突破思维的局限,从而更好地适应多样的情境,发现"我不知道我知道的解决方案"。

比如,我们先来看一下《颜回攫食》的故事。

孔子穷乎陈、蔡之间,藜羹不斟,七日不尝粒,昼寝。颜回索米,得而爨之,几熟。孔子望见颜回攫取其甑中而食之。选间,食熟,谒孔子而进食。孔子佯为不见之。

孔子起曰:"今者梦见先君,食洁而后馈。"

颜回对曰:"不可。向者煤室入甑中,弃食不详,回攫而饭之。"

孔子曰:"<u>所信者目也,而目犹不可信;所恃者心也,而心犹不足恃。弟子记之,知人固不易矣。</u>"

文中画线的部分证明孔子也有思维加工,通过这些文字,我们甚至可以折射出他对颜回"偷吃米饭"的诸多负面加工。区别在于,他有思维刹车,面对爱徒的反常举动,他并没有任由自己思维加工出的结论继续驰骋而轻易地否定爱徒,甚至出现过激的言行。他巧妙地对颜回进行了测试,考察他是否诚实，才有了真相大白后的感慨：都说眼见为实，可眼见也不一定是实；都说听从内心的声音，可内心也会骗我们，不可信。正如亲眼所见的风景可能受到感知的扭曲，我们会被表面现象所迷惑，进而形成对事物的错误判断。内心的声音也并非总是指引我们走向正确的方向，它可能受到情绪、经验等因素的干扰，产生偏颇的判断。

可见，**圣人亦会思维加工，亦会加工出错，而我们普通人与圣人的差距，仅在于思维的一脚刹车**。面对海量信息，我们常止步不前，并非缺乏想法，而是想法过多，有些甚至是"正确而无用"、"应该而无效"或"好心却破坏关系"的。例如，家长常劝孩子努力学习、少玩手机，这些话本身无误，却可能因方式不当而变得无效，甚至破坏亲子关系。此时，深度思考是点醒我们的关键，使我们由混沌迷茫变得豁然开朗。然而，深度思考并非简单读书或多引擎搜索，而是需领悟故事现象背后的思维真谛，如《颜回攫食》《疑邻盗斧》等典故所示。与此同时，在生活和工作中不断探索未知、进行认知升级，很多从前想不通的事，或许就能迎刃而解了。

这正是深度思考真正的意义——唤醒我们意识中的"未知自我"。

心理学里有一个"四象限认知模型"，将人的认知分为四类状态：

· "我知道我知道的"，这是我们自信的领域，清晰、熟悉、可控，不会带来焦虑；

· "我不知道我不知道的"，这是盲点，它尚未进入我们的觉察范围，对我们没有现实意义；

· "我知道我不知道的"，这是成长的起点，意味着我们已觉察自身的局限，具备突破的可能；

· "我不知道我其实已经知道的"，这是最关键的一类，这部分藏于经验深处，却未被我们整合为能力，被忽略、被否认，甚至被误判为"我不行"。

很多人其实已经拥有解决问题的资源，只是被思维的自我设限所遮蔽。这种遮蔽不是能力上的不足，而是认知上的盲区。所谓"顿悟"，往往就发生在我们从"我不知道我知道"走向"我知道我知道"的那一瞬。

因此，突破思维瓶颈，不是添加更多信息，而是消除不必要的限制。当我们学会对自己的认知结构进行审视与整理，原本模糊的能力边界也会随之打开，正如古人所言："退一步，海阔天空。"

退的是执念、预设和惯性，进的是觉知、洞察和创造。深度思考，不是一定要寻找正确答案，而是找到更大的"心量"，容得下复杂的世界，也容得下成长中的自己。

简单练习，成事在望

发现生活中的错位等同事件
掉入的思维陷阱事件
孩子看手机=玩游戏=上瘾
买了很多书却没看=爱学习=知识在身边
……

说明：

结合所学知识点，找出自己掉入的思维陷阱事件。

PART 2

认知升级

—— 简单成事的底层逻辑

你或许听过无数的大道理，却依然觉得生活不尽如人意。其实，早在2000多年前，庄子就通过《轮扁斫轮》这个小故事，揭示了问题的核心。这个故事出自庄子的《天道》。

有一天，齐桓公在堂上读书，轮扁则在堂下专心致志地制作车轮。出于好奇，轮扁放下手中的工具，走上堂去问齐桓公："您读的是什么书？"齐桓公回答说："是记载圣人言论的书。"轮扁反问："那些圣人还在世吗？"齐桓公回答道："已经去世了。"轮扁便说："既然这样，那您读的书只不过是古人的糟粕罢了。"

齐桓公听完后生气地问道："你一个做车轮的，怎么敢随意议论我？倘若你能说出道理就算了，如果说不出道理，就拉出去斩了。"轮扁不紧不慢地解释说："我在制作车轮的过程中发现，如果车轮的卯眼太宽，就容易滑动而不牢固；如果卯眼过紧，就会苦涩而难入。只有不宽不紧，才能得心应手。然而，这些制作车轮的奥妙，我却无法用言语准确地传递给我的儿子。因为真正精湛的技艺是无法用言语表达的，只能由我的儿子深入领悟和体会。即便我能表达出来，也只是浅显的理解。"

齐桓公好奇地问道："这是为何？"轮扁深入解释道："因为最能反映圣人精华的部分是无法言传的，即使能用文字写出来，往往深度也不够，不能完全表达他们真正的领悟。所以，我才说您所读的只是圣人的糟粕。"齐桓公听后连连点头。

可见，那些无法传授的知识，其实才是真正影响我们认知和能力的决定性因素，那就是体验。因为所有的知识都需要亲身体验才能深刻懂得。那些简单的知识可以通过言语或想象力对细节进行模拟，达到亲身经历的效果。然而，那些复杂的能力或者深刻的道理，是无法通过言语或想象力来模拟出细节的。所以，知道和做到之间还存在着一条难以逾越的鸿沟，这条鸿沟就是体验。有的人把自己的认知边界当作世界的边界，目光所到之处皆是围墙，像是在一个井底，永远只能"坐井观天"。这也是为什么我们听过许多道理，却依然过不好这一生的原因之一。只有在认知不断升级的过程中，我们才能掌握简单成事的底层逻辑，用更为灵活的、中正客观的思维把事做成。

破译认知升级的密码

认知升级是指通过学习、思考和体验等方式,使个体的思维方式变得更加客观中正,做事能力也获得提升。同时,能更好地认识自己与世界,使自己变得更成熟、更幸福。在认知升级的过程中,个体通过积极思考、学习新知识、积累新经验,逐渐形成更为深刻、全面和灵活的认知结构,并能不断实现自我的升级迭代,如图2-1所示:

认知升级

在不断达成的过程中不断升级

新体验

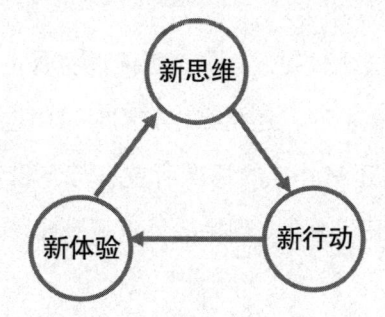

行动 调整 达成

新思维 → 新行动 → 新体验 → 新思维

图2-1 认知升级的过程

走出思维陷阱并不能真正实现认知质的升级。实践、做事、把事做成是实现认知升级质变的最佳途径。这一过程可能涉及对现有观念的挑战、对新信息的吸收、对自己思考方式的反思，更包括掌握简单成事的底层逻辑。唯有底层逻辑上的改变，才能在做事的过程中，更好地理解复杂、抽象的问题，灵活地应对各种未知的不确定性情境。

这个认知升级的过程就是在实践中找到行动效能高或低与认知铁三角的关系，通过不断发掘突破铁三角的契机，打破原有的认知的平衡边界，提升做事的效能，螺旋式上升以达成新的目标和认知高度。

在多年的授课实践中，我深刻体会到，认知升级让我学会了放下固有的成见，去理解生命的复杂性与多样性。我开始尊重学员的个体差异，更敏锐地察觉到他们的困惑所在。这种自由不再受既定模式的束缚，而是在思考中找到了自己的声音。后来，我将这种深刻的感悟记录了下来："**当我站在生命的终点回看当下的目标，它变得清晰渺小，于是我步履坚定地迈向了生命的自由。**"或许，抵达精神世界的自由之境，正是我们每个人不懈追求的目标，也是我们渴望解开的终极密码。

在不断达成的过程中升级

当我们不断地处在达成目标、获得新体验的过程中时，我们的认知也在不断升级（如图2-2所示）。

前期的认知升级会比较缓慢，甚至可能没有真正升级，只是在积极消极、正面负面之间徘徊。我们还是在原有的对错中选择更有效的方式效能更高。这个提升甚至还被外在的标准所左右却不自知。这时，我们的包容、欣赏、面对、臣服等都在受到挑战，亟须提升。

PART 2　认知升级 ——　简单成事的底层逻辑

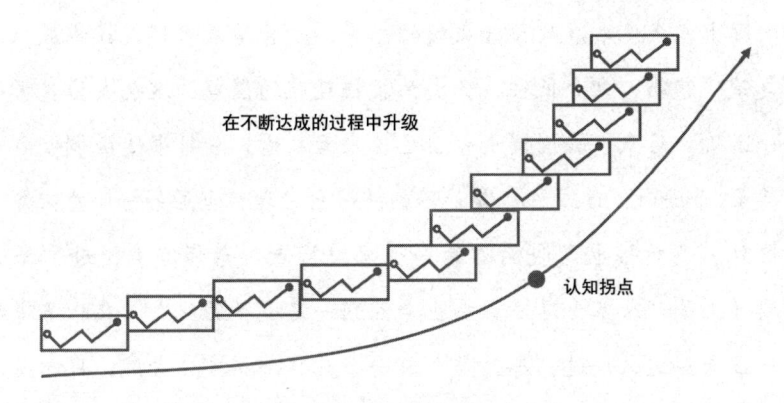

图2-2　在不断达成的过程中升级

在"21天强者思维训练营"中，我也着重讲了关于认知升级的内容。

有一天，一个学生对我说，这个课程让她的认知有了极大的提升：不仅让她明白了人的思维是存在惯性的，还让她明白了生活、学习、工作中存在着许多思维加工而不自知，过后才发现自己的惯性思维如此明显。

后来，在课程结束后的某个夜里，她发邮件给我，分享了她的笔记，以下是其中部分内容：

在我考研期间，不管是决定考之前、在备考期间，还是在考试结束后，我都会因为一些无法解答的问题而产生精神内耗："我考不上怎么办""我的应届生身份不去考公会不会浪费""考不上是否被人嘲笑"……

事实上，从理性思维来看，这些问题都源自对未来的不确定性，谁也无法回答未来事情的结果。而事情的收益往往就是来源于不确定性，高考也好，考研也罢，都是选拔性的考试，重要的是我在这个过程中的收获，而不是纠结于一个不确定的结果。

考试结束后，我对许多事情都产生了"拖延症"，实际上也是本身思维自欺性的一个特点。准备复试时，我经常会因为估分不理想而失去动力，然后陷入内耗，最后，打开招聘软件寻求"出路"。

实际上，我无法准确预知成绩的结果，不管结果好坏，我都应该认真准备复试。然而，估分低往往会成为我拖延症的借口，这也成为我考研路上的一道坎。后来，我慢慢调整自己，每天从看10分钟书慢慢调整到30分钟，甚至1个小时，这或许也算是不断练习自己理性思维的一小步吧。

另外，急攻性也是我面临的一个思维特点。老师课上说过"呆若木鸡"实际上是形容不受环境影响，专注到一定境界的状态。在我备考期间也有一位老师这么说过，那时是考前一个月的每周模拟考试，目的是"练就'呆若木鸡'的功力"，即在考场上，面对陌生的考题也能做到处变不惊。这让我受益良多。不管是在做什么事，专注力一定是很重要的。比如，我经常会想：要是当初每天练字10分钟，到今天我或许就会变得不一样了。

我或许就是老师说的"准备练字的人""准备健身的人"。在很多目标上，我因为急攻性很难完成目标。后来，我慢慢调整自己，比如在晚饭前健身10分钟，渐渐调整到30分钟。其实，这种循序渐进法对我来说很受用。

一个人无法在一天内完成所有的事情，所以才有了分段目标、分工合作。认知的提升也无法在一天内完成，但自知就能带来改变。

随着时间的推移，我们能力、能量的积累以及对于事物的认识发生了彻底的改变。当达到"认知拐点"时，我们对于达成目标已经没有任何抗拒和纠结了。再回首，我们会发现自己已经和从前判若两人了，而过去所设定的目标在此刻也并非那么重要了。在这一瞬间，我们对问题的选择和决策发生了翻天覆地的变化，可以说重构了认知结构，达成目标的速度和认知升级的速度也愈发迅猛。我们自身的状态变得更加愉悦、幸福和自在。

举例来说，当前许多学生面临抑郁焦虑，甚至选择"躺平"放弃学业，这背后的原因复杂多样，但家长的高期望、严要求及自身焦虑往往是关键因素。家长在教育认知上的提升，需从自我反省开始，给予孩子空间，理解其困境，减少负面言行，这对孩子恢复正常生活至关重要。初期成效体现在孩子压力减轻，逐渐恢复学业，精神状态改善，乃至在重要考试中取得佳绩。

这只是认知升级的起点。更深层次的变化在于，随着家长与孩子沟通的加深，双方对生命意义和教育本质的理解日益深刻。他们利用生活中的事件和冲突，相互支持，发掘各自的特质，学习与环境和谐共处的方式。这一过程虽伴随着冲突与挑战，却也让家长和孩子变得更加从容，能够真诚交流。孩子无论是否选择继续学业，都拥有了持续学习和探索的兴趣与能力，能勇敢地面对恐惧，追求个人价值和有意义的生活。此时，家长关注的焦点已不再是孩子是否上学，而是其身心健康与幸福生活，认识到健全人格的重要性，尊重孩子的个性选择，视上学为孩子的自主决定而非强制要求。孩子和家长的生命都会变得更强大、更自由。这才是走向认知升级的拐点。

认知升级并非被动接受，而是通过实践与目标的达成来验证思维合理性，遵循客观规律，并在新体验中不断调整成长。这是一个不断修正、迭代、突破认知边界的过程。在此基础上，我们可以稳步前行，正式踏上认知升级的新征程，用最清晰的思维、最简单的方法把事做成！

身份定位：做事的起点，也是成事的基点

做成事的第一步是明确自己的身份定位，这也是我们做成事的核心。

在喧嚣的世界里，我们常常会被各种角色与标签所包裹，仿佛置身于一片密林之中，看不清自己的位置。而身份定位，是我们踏上征程之前必须经历的仪式。它迫使我们停下匆忙、慌乱且迷茫的脚步，撩开深入内心的迷雾，去探寻那个深埋在岁月深处的真实的自我。这不仅是一次对过往经历的深刻审视，更是一场深入内心的探索之旅，是一张精心绘制的星图，为我们的前行指引方向。

身份定位——做成事的核心

我们可以通过明确的身份定位树立理想信念，为自己点亮前行的路。一般可以通过以下两个方面来明确身份定位。

1. 明确当下定位——出发之前先看看自己在哪儿

假如我们要去贵州榕江看"村超"足球比赛，无须刻意提醒自己的出发地在哪里，不用想就知道。然后，再考虑什么时间，乘坐什么交通工具就可以成行。

如图2-3所示，当我们有了要去某地的想法时，就有了一个固定的出发地和目的地。思维中的出发地，是一个"发出这个想法"的人，即有

"身份"角色的人,"目的地"就是他的"目标"。通常,我们出行时很少会刻意去想自己的出发地在哪里,因为它就是确定出发的地点,不会出错,即使地图软件不小心定位错了也容易被我们发现并纠正。而做事时的身份是一个有条件的相对抽象的认识,一不留神就有可能出错,而且错了也不容易被觉察。当我们不清晰自己当下的身份角色时,就很难达成目标。

当下定位

出发之前先看看自己在哪儿

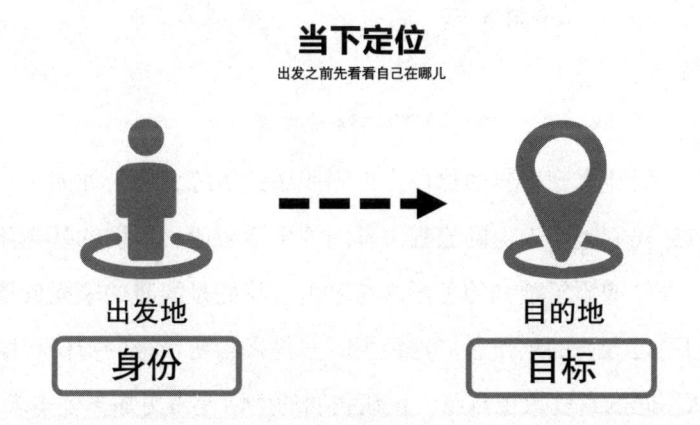

出发地 —— 身份 ➔ 目的地 —— 目标

图2-3 明确当下定位

2. 明确影响身份的因素——身份不是一成不变的

身份,这一看似固定的概念,实则蕴含着无尽的动态变化与多元影响。它并不是静止的,而是随着时间、空间、视角的转换,以及情绪情感的波动,还有个人能力与技能的提升,展现出丰富多样的面貌,如图2-4所示:

影响身份的因素

身份不是一成不变的

时间 空间 角度

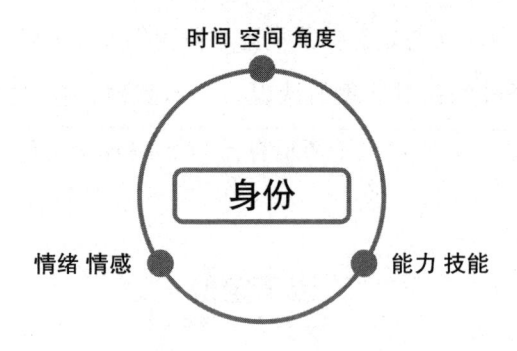

身份

情绪 情感　　　　　能力 技能

图2-4　影响身份的三个因素

从童年的纯真到青春的热血，再到职场的历练，身份如同一条蜿蜒的河流，贯穿我们整个人生的旅程。不同的生活阶段，不同的社会环境，都为我们的身份增添了独特的色彩。在家里，我们是温暖的家庭成员；在职场，我们则是专业的工作者。这种由时空与视角所带来的身份转换，让我们得以从不同的角度审视自己，也让我们的生活变得更加多姿多彩。

情绪与情感，如同风中的羽毛，轻轻拂过我们的心田，却也在不经意间改变了我们的身份认知。一场激动人心的演唱会，或许就能在孩子心中种下成为音乐家的梦想；而一次失败的打击，也可能让我们对自己的身份产生怀疑。情感的变化，如同潮汐般起伏，影响着我们对自我的认同与定位。

能力与技能的提升，更是身份演变的重要推手。随着不断地学习、成长，我们的身份也随之发生了转变。一个曾经为了生存而奋斗的年轻人，在积累了一定的技能与经验后，可能会萌生出创业做老板的念头。这种身份角色的跃迁，背后蕴含着个人能力的飞跃与心态的转变。同样，面对新技术的挑战，一些原本事业有成的人可能会因为能力不匹配而显得力不从心，这也是身份意识与能力提升之间需要平衡的证明。

理解这些影响因素，有助于我们更好地认识自己，找到适合自己潜能的方向，实现身份的蜕变与升华。

可见，**身份的变迁是一个多维度的过程，受时间、空间、角度、情感和能力等多方面因素的共同塑造**。这种复杂性使得我们在不同阶段都能够以更加开放和包容的心态来理解自己。当我们明确了身份定位，有了前行的方向时，成事就变得简单多了。

分清三件事——自己的事、别人的事、老天的事

成事之道，不仅关乎人的能力与意愿，更在于对"事"本身的深刻理解与把握。无论我们的使命感多么强烈，在着手行动之前，明确所面对的是何种"事"，将极大地促进我们的成事之旅，使其更为轻松且顺利。

从事情的归属看，人生不过三件事：自己的事、别人的事以及老天的事（如图2-5所示）。学会区分这三件事，成事之路自会豁然开朗。

分清三件事
让身份边际更清晰

自己的事　别人的事

老天的事

事件

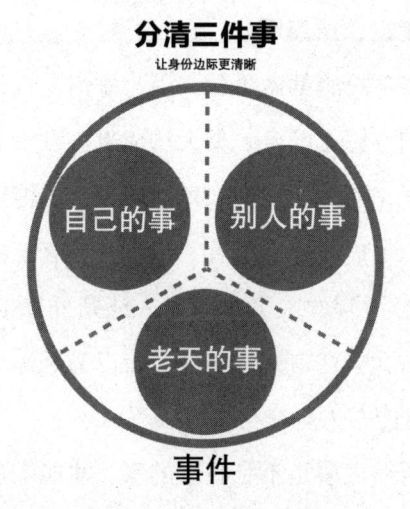

图2-5　分清三件事

那么，三件事具体是什么事呢？具体如表2-1所示：

表2-1 三件事的含义

自己的事	自己的事是指那些主体是我，属于我们能够掌控和改变的事务。在这个领域里，我们有责任对自己的行为、选择和决定负责，塑造自己的人生轨迹，即自力可及的事
别人的事	别人的事是指那些主体是别人，属于我们无法直接掌控的他人行为和想法。在这一层面，归属权和主导权在他人手上，我们需要学会尊重他人的独立性，明白并接受每个人都有自己的思考和选择
老天的事	老天的事是指那些超越我们掌控范围的自然力量和无法预测的结果和命运。在这方面，我们需要接受生活中的不确定性，并学会从容面对那些我们无法左右的情况，与之融合于自然、世界运行的规律中

通过明确这三件事的边界，我们可以更加清晰地认识到自己的责任和影响力，从而更有针对性地塑造自己的人生，保持一颗平静、豁达的心态。

举个例子。如果一个妈妈想让儿子学钢琴，但是儿子不愿意学，那么这位妈妈能让儿子好好学钢琴吗？这位妈妈还希望自己的爱人下班就抓紧时间回家，不要去参加任何社交，尤其是不要去喝酒。如果爱人不配合，那么这位妈妈能得偿所愿吗？

我们会发现这些事妈妈都做不到，因为哪怕是自己的儿子、爱人，那也是别人的事，他们不愿意配合，便无法成事。万一有幸得偿所愿了，也不要得意得太早，真相是他们能那么做恰好符合了他们的需求或者是能让他们从中获益，所以他们才愿意配合，而不是你有能力改变他们。家人如此，外人更是如此。清醒的人无论对家人还是外人的"配合"都心存感激，及时奖励，关系就会变得越来越好；自以为是地认为自己治家有方或者领导力超群就有可能在人际交往中摔跟头。

只有先搞清楚所遇之事是不是自己的事，才能知道自己到底有没有管辖权。也就是说，遇到事，你得先问问这是谁的事？如果是我的事，我就有处置权；如果是别人的事，我就无权干涉。如果只是一个人的事，和他人也没有牵扯，通常就不会造成困扰。最麻烦的是，自己的事和别人的事有交集，需要别人配合，别人不配合或者达不到自己的预期，这才是真正的考验。

下面，再来思考一个问题——"我有一个不听话的孩子"，这到底是谁的事？

孩子说："这是家长的事。"

家长说："这是孩子的事，我教育他是我的责任，也是为他好。"

从问题来分析，"不听话"本就是一个伪命题。作为独立的生命个体，有独立的思考和选择是一件很正常的事，你说什么他全都听才不正常。家长首先要做的就是明确事情的归属问题。如果是孩子的事情，在履行教育职责时，家长应该思考怎样做能让孩子愿意接受，而不是一味地指责孩子不听话。在孩子小的时候，家长做得最好。比如，小孩子不爱吃饭，家长就会千方百计地变换花样，做各种主食、辅食与点心，让孩子既能吃得开心，也能保证营养均衡，而不是简单粗暴地说孩子厌食。随着孩子逐渐长大，他的自主意识日益增强，不再对大人的话全盘接受，这并不是孩子的问题，而是家长的能力有所欠缺或者家长的教育意识已经跟不上孩子成长的步伐了。孩子在成长的过程中，从不会吃饭到会吃饭，从不会走路到会走会跑，从不识字到能读书，从乖巧听话到有自己的主见，每一个变化都是他人生重要的节点，也都遵循着自身的成长规律。只是，那些和我们的期待一致的变化令我们开心，而那些和我们的希望相悖的变化则令我们烦恼不已。

我们应当认识到，问题不在于孩子的变化本身，而在于我们的期待是否契合了他们的生命成长规律。当孩子的成长（需要）超出了我们的能力范围，我们可能会说他们厌学，或是我们的养育模式无法再适应他们的需要时，我们会说他们不听话或不孝顺，这些强加给孩子的标签是滑稽且武断的。我们不应再以爱的名义进行操控。相反，我们要为孩子的成长感到欣慰，感激上天赐予我们这样一个独特而有个性的孩子，让我们的生活增添更多的挑战与精彩。

至于孩子未来是否会经历苦难，那是他们生命中独一无二的体验，我们无法替代，也无法掌控。因为那是孩子自己的事，旁人的担忧大多只会枉费心力。孩子的人生是否辉煌，最终取决于他们自己。身为家长，能做的就是全心全意地支持他们成为更优秀的自己：**你若高飞，我送你远航；你若厮守，我为你煮汤。**

所以，我们最需要做的便是**处理好自己的事情，少干预他人的事情，不去担忧、埋怨老天的事情**。具体如图2-6所示：

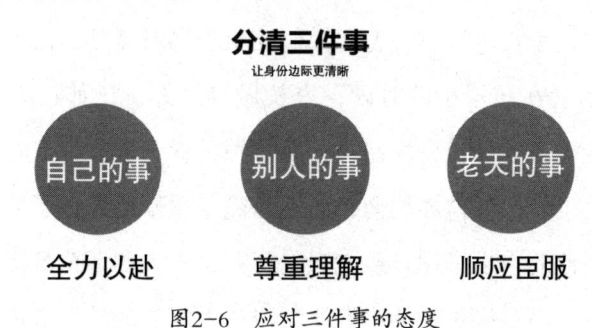

分清三件事
让身份边际更清晰

自己的事	别人的事	老天的事
全力以赴	尊重理解	顺应臣服

图2-6 应对三件事的态度

1. 自己的事——全力以赴

这意味着我们要认真对待自己的目标和计划，为实现个人愿景而不懈努力。全力以赴，就是用尽全部的力量及所有能用的办法去做成某件事。

一位母亲为了陪伴孩子，毅然辞去工作，到北京定居。步入中年的她却在求职时遭遇了年龄的壁垒，因超龄而被拒之门外，连投简历面试的机会都没有。她曾反复问自己："难道我就这样陷入无望的生活困境了吗？难道我已经用尽全力了？"带着不甘与决心，她选择了隐瞒自己的年龄，争取到了面试的机会。凭借丰富的经验、扎实的专业素养以及满心的诚意,她成功打动了单位的领导,最终被破格录取。

当所涉及之事与他人有交集关联时就应考虑:我怎么做才能令对方愿意接受?这样一来,那些原本他人不支持或不配合的事就转变为我们自身主动承担且愿意去做的事。这是人在遇到与他人有交集的状况时应秉持的积极主动的思维模式。如果对他人预期过高,反而会使自己陷入紧张焦虑的泥沼之中,心态失衡,动作变形,进而在人际交往中丧失主动意识。

行政部的小田受命在餐厅大门悬挂迎宾横幅。然而,餐厅员工表示横幅位置过高,无法完成悬挂。工程部的师傅也回应说,虽然有梯子,但不清楚悬挂的具体要求,同样无法完成任务。小田气愤不已,便向领导抱怨这两个部门都不配合。领导来到现场,登上了梯子,带领小田和其他人一起动手,最终顺利完成了悬挂横幅的任务。

事后,领导语重心长地对小田说:"只要是我们的工作需求,就是我们应尽的责任。与其抱怨,不如亲手解决,生气又有什么用呢?"

此外,那些无法被真正转化、控制的事情往往并不是我们的"分内之事"。

以家长与孩子的关系为例,如果孩子对音乐充满热忱,梦想从事音乐创作,即便尚未展现出突出的艺术天赋,若家长不仅不予以支持,反而强迫他去上各类学科的补习班中,结果往往会事与愿违。即使孩子对艺术依旧痴迷、对文化课始终提不起兴趣,这依然应当被看作是孩子自己的事,属于孩子个人的兴趣与人生路径,并非家长能包办、代劳,甚至"矫正"的事。

孩子未来是否能成为一名艺术家或只是一名终身热爱艺术的普通人,

这些都是他生命体验的一部分。他对世界的探索、对梦想的坚持与放弃，构成了他独一无二的成长轨迹。家长真正的角色，应该是支持者、守护者，而不是规划者与控制者。

一旦家长有了"为你好"的心态，自以为比孩子更懂得人生与职业路径，且试图用成年人的标准强行干预孩子的选择，这往往不是帮助，而是伤害。你看似"成功阻止"了孩子走上一条"不靠谱"的路，实际上却可能扼杀了他对生活的热情与好奇，也关闭了他自主探索世界的能力。

更糟糕的是，孩子的意愿被长期压抑，可能表面顺从、内心却逐渐失去了自我。他可能开始放任自流，对未来不抱希望，甚至对自己产生了深深的怀疑与否定。而与此同时，家长却误以为自己"赢了"。

一旦沟通的桥梁被彻底切断，亲子关系破裂，教育的基础也就无从谈起。教育的第一要义，不是传授知识，而是连接关系。关系不在，一切教育都将变成空谈。正所谓："皮之不存，毛将焉附。"

职场中亦不乏类似情形。有些领导会对年轻下属仅满足于完成本职工作、不愿"进步"的状况感到烦闷不已。然而，这却是下属的个人选择，只要他们能胜任岗位要求，就应得到尊重与理解。若领导一厢情愿地试图推动他们追求更高的职场发展，结果可能并不愉快，甚至还会令下属反感，情形严重时还可能导致员工离职。

我的一位企业家学员对此深感迷惘与愤懑。

他手下有一位聪明伶俐的年轻人，工作表现出色，却不像他那样勤勉敬业。他屡次找这位年轻人谈心，鼓励他应以事业为重，要努力拼搏。然而，仅过了两个月，年轻人便明确向他表示："您别再和我说那么多了，我只想做好自己的本职工作，不想有什么大作为。如果我做得不好，您可以直接指出来；如果我没有失误，就别再来找我谈什么进步。如果您再来烦我，我就只能辞职了。"

这位老板虽然觉得难以理解，可年轻人的态度却十分坚决。这再次证明，每个人都有自己的生活态度与职业追求，他人既无法也不应该强加干涉。当大家不再为吃饭发愁时，人际关系的边界也在悄然发生着变化，分清我的事还是别人的事显得格外重要。我们不仅要牢记"己所不欲，勿施于人"，更要警醒"己所欲，也不能施于人"。

2. 别人的事——尊重理解

尊重他人的独立性和独特性，理解每个人都有自己独特的思维加工机制、生活轨迹与人生选择。以家庭关系为例，当家庭成员有不同的观点或决策时，我们可以通过倾听和理解建立更加和谐的家庭氛围，而非强加自己的意愿。在这一层面，我们需要培养对他人观点的尊重意识和接纳度。尊重不同的观点不等于认同；接纳他人的不同不等于自己要成为那样。简而言之，就是要避免对"不同"进行错位等同。拥有这种意识的人，思维足够开放，能够允许并尊重孩子拥有自己的人生道路。

在企业经营中，这一原则也同样适用。只要员工能够胜任岗位要求，我们就应该尊重他们选择本本分分地做个普通人的意愿。这样的员工同样能为企业的发展作出贡献，他们的稳定性和忠诚度往往是企业宝贵的财富。我们需要学会尊重和理解员工的个人选择，为他们创造一个宽松、包容的工作环境，让每个人都能在自己的岗位上发光发热。

3. 老天的事——顺应臣服

以敬畏之心面对生活中无法掌控的部分，不论是自然灾害的突袭，还是人生路上的转折，我们都应该心存敬畏，学会顺应与臣服。想象一下，旅行中突遇暴风雨，行程受阻，我们不会因此责怪老天，因为这只是自然现象，不以个人的意志为转移。作为自然的一部分，我们应该做的是学会避雨、调整计划，以平和的心态寻找解决方案，而不是过度焦虑或抗拒。这种适应性和灵活性能让我们更好地与环境和谐共处且保持内心的平静，从而让结果变得更加美好。

同样，社会环境中的巨变也是自然界规律的一部分。我们应当像接受自然界变化那样，无论好坏，都真诚地顺应变化，心怀敬畏，与之相融合，在适应中寻找和谐与平衡。只有这样，我们才能在臣服中找到前进的动力，与变化共存共荣，实现心境随环境而转变。

人生路上，生老病死是不可抗拒的自然规律，不与这些规律对抗，采取顺应臣服的态度至关重要。这种态度在遭遇意外时显得尤为重要，它促使我们不追责、不伤害彼此，而是相互理解、给予温暖，接受生活的无常。就像那些能够顺应臣服的失独家庭，他们相互扶持，共同走过余生；而无法臣服的家庭，则可能因追责而陷入无尽的维权漩涡或因偏执而使家庭关系破裂。

诚然，中年丧子是人生中的巨大悲痛，维权和怀念都是人之常情。但我们也必须认识到，意外的发生往往是机缘巧合，人生命运无常，生死大事并非由个人意志所决定。在为失去亲人而伤心的同时，我们也要为自己的生命负责，全力以赴地生活。只要我们还活着，任何人或事都不能阻挡我们追求幸福和快乐，直到生命的尽头。意外如此，万事亦然。

人和事都明确了，我们回过头再看前面关于家长与孩子的例子，重新明确各自的身份与目标，如图2-7所示：

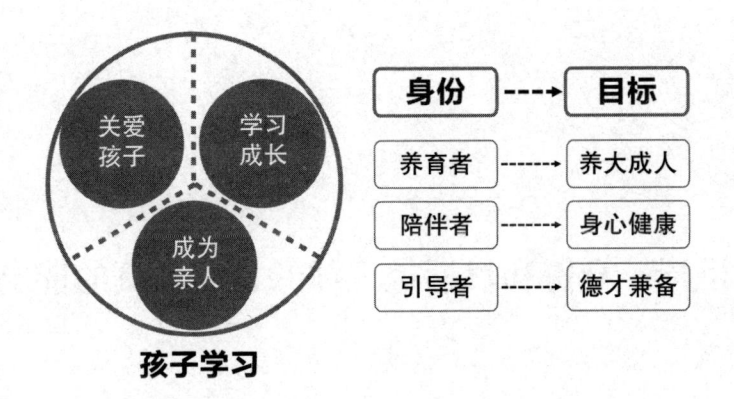

PART 2　认知升级 —— 简单成事的底层逻辑

图2-7　关于孩子学习的三件事

具体分析如表2-2所示：

表2-2　清晰三件事，让孩子健康成长

身份	目标
家长的事	爱孩子，保护孩子的安全，支持孩子的个性发展
	帮助孩子建立一些生活常识和做事的原则标准
	激发兴趣，发现优点，发现孩子擅长的目标方向等
孩子的事	学习、体验生活，积累生活经验
老天的事	让我们成为亲人，共度一段有限的人生旅程

当我们能够明确自己的身份、目标以及对自己、他人和外部事物的态度时，我们更容易在面对生活中的各种情境时保持冷静和理性，承担责任和精神独立。这种清晰的自我认知有助于我们更好地抓住本质，处理好情绪，保持心境平和，提高解决问题的效率效能。

在认知升级的过程中，我们或许会在身份的拼图中找到失落的一块或在目标的迷雾中见到清晰的一线。无论是跌宕起伏的人际关系、变幻无常的环境，还是自身成长的曲折旅程，当我们理清了内在的纷扰，便能在外界的风雨中保持坚韧，向着自己梦想的远方行进。

明确目标：身份和目标是一体的，屁股真的能决定脑袋

事与愿违，很多时候是身份定位模糊或错误。当一个人对自己的角色认知不清晰时，很容易迷失在追求目标的道路上，导致努力付出与期望结果不符或者即使经历艰难达成目标了，自己却并没有满足或喜悦，反而陷入了新的迷茫和痛苦之中。

在清晰了定位之后，我们还要进一步明确身份角色与目标关系，这也是我们在追求目标过程中避免事与愿违的关键所在。在"成功"的坐标系中，身份定位与目标是一体的关系，之间存在着紧密的关联，密不可分。我的事，我的目标，我是主体，我可以全力以赴。角色定位的清晰直接影响到目标的明确性和实现的可行性。那些明确自己身份角色的人，是做事的主体，是目标的主人。当一个人明确了自己在事业或家庭中的身份角色，与之对应的目标和行为边界就会更容易明确和规范。

我们这里所说的"人"是指具有民事行为能力的人。他们在选择身份角色的过程中，除了血缘关系是与生俱来的以外，其他关系都是人主动选择的结果，与之相应的是我选择、我愿意、我臣服、我执行（努力）的态度。这包括了个体对自身的认知、对目标的认同以及对角色的自觉承担。这样的主动选择使得个体更有动力去追求目标，更愿意承担相应的责任，甚至在面对逆境时也能保持坚定的信念。

我选择、我愿意、我臣服、我执行——I choose, I am willing, I submit, I execute。这四个简练而有力的表述，凝聚了主动选择和自我决定的精神，体现了个体在身份定位内驱的积极行动。

1. I choose——我选择

我选择，强调了主动性和自主权。在生活中，我们常常面临各种选择，无论是职业道路、人际关系还是个人成长方向，每一个选择都是自己主动做出的决定。这表达了我们对自己命运的塑造和对未来的积极追求。抱怨或者"被迫感"都是因为没有认清事情的本质而产生的自我消耗。之所以"被迫"，是忽略、无视了选择对自己有利的部分，放大了选择对自己的不利或者需要付出的代价。但是，二者是一体的，不可分割。选择意味着接受全部，没有抱怨、被迫及不舒适的部分，也就没有习以为常的获益。

2. I am willing——我愿意

我愿意，凸显了内在的动机和对所选择的事物的真诚接纳。这不仅意味着在选择中蕴含了内在的热情和愿望，同时也强调了对所选道路的积极负责的态度。在面对困难和挑战时，这种愿意尤为可贵，可以成为持续前行的坚定原动力。

3. I submit——我臣服

我臣服，既然选择意味着接受全部，也包括我们对事物更高层次目标的顺应。这并非弱势对强势的屈从，而是在追求目标和利益时对事物依存的规律发自内心地接纳，自觉地服从。因为身份和目标本身是一体的关系，臣服事物依存的关系体系和规律也等于臣服于自己和更高的原则和价值，是构建包括自身在内的共同理念和实现协同合作的重要基石，也是自身实现身份跃迁的前提。

4. I execute——我执行（努力）

我执行，强调了实际行动和责任担当。无论选择多么精妙，最终的成功仍然离不开实际的执行。这个阶段也是对目标达成无条件的努力和付出，保持持续的执行力。这个执行力不是为做而做的形式主义的努力，而是对自我选择、自我肯定的全力以赴，这是将理想转化为现实的坚实支柱。

这四个简洁而深刻的表述，体现了一个人在身份定位中的全方位参与和积极投入，是实现目标的一体关系中的关键元素。

可以说，人为自己的身份定位赋予的价值和意义越大（向内的价值、意义越多），内驱力越强；目标越远大，自我约束的力量越强大；行为的边界越清晰，需要做的事情越多。具体如图2-8所示：

身份定位
价值和意义 内驱力越强 目标越远大

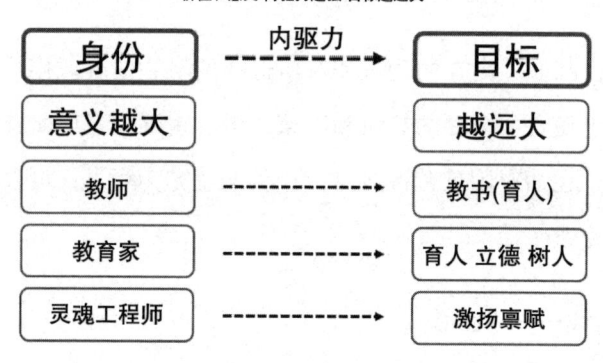

身份	内驱力	目标
意义越大		越远大
教师	------>	教书(育人)
教育家	------>	育人 立德 树人
灵魂工程师	------>	激扬禀赋

图2-8 身份定位的意义

例如，《孟子》在《尽心章句上》中说道："穷则独善其身，达则兼济天下。"北宋哲学家张载的"为天地立心，为生民立命，为往圣继绝学，为万世开太平。"即便是那些没有伟大人生理想的人在听到这些令人振聋发聩的话语时也会为其蕴含的贡献意识所触动。这种意识是人性对美好愿景的共同追求，具有强烈的感染力。

当下，有不少人或许会觉得这些话听起来似乎太虚浮，孩子可能也不爱听。倘若我们换个角度去想，一个心怀吃遍天下美食、游历山川大河梦想的孩子，一个长大了要开飞机、造火箭的孩子，一个只知道听从大人安排去读书上学的孩子，哪个更有生活的动力和乐趣呢？答案显然是前面两个孩子。内驱力不仅能支撑起为人类奉献的伟大抱负，也会给普通人的热爱插上翱翔的翅膀。

只是很多时候，正如那句网络流行语说的那样"屁股决定脑袋"，意思是说，坐在什么样的职位上，脑子里就会有相应的想法。它凝练地传达了一种现实的观点：人在特定职位上的处境、身份角色和权责往往会直接塑造其思维和立场。

让我们先来看看这个小故事吧！

大军、小明和丽丽是一个部门的同事，关系也很好。随着单位业务的拓展，他们的主管老王升职了，而大军有幸接替老王，成为部门主管。对此，小明和丽丽特别高兴，心想："自己的哥们儿当了主管，以后终于可以轻松一点了。"

然而，事情并没有按照他们想象的方向发展，大军自上任后便开始推行一系列新的管理措施。更让小明和丽丽感到意外的是，大军在管理上比老王还要严格，对他们的管理也是毫不留情。这让小明和丽丽觉得大军"忘恩负义"，甚至觉得他是在变着法儿地"整治"曾经的好兄弟。

而大军却觉得，以前在工作中自己也没少照顾小明和丽丽这两个铁哥们，如今自己升职了，他们理应是最支持自己工作的人。毕竟部门人员众多，本来就不好管，自己提出的新措施，不论对错，他们都应该带头执行，可现实却是他俩经常在部门公然和自己唱反调，这让大军觉得自己真是看错了他们。

就这样，昔日的三个好朋友因为工作上的分歧，变成了陌路人。

有人说，三个人既是同事又是朋友，无论遇到何事都应该相互体谅、相互帮衬，因为其中一个人升职而导致三人关系破裂，实在令人惋惜。

可是在现实生活中，哪有这么多的"该"与"不该"呢？人的身份一旦发生改变，思维和行为自然也会随之改变。那么，在这三个人之间究竟还存在着怎样错综复杂的关联呢？不妨先来回忆一下，类似的事件在你身边发生过吗？你是怎么看待他们三个人的行为？造成他们矛盾的根源是什么？

接下来，我们不妨从身份、想法（目标）、行为这三个角度来深入分析一下：

- 三个人同为员工时为什么和谐？
- 大军升职后，三人之间的身份发生了什么样的变化？
- 伴随着三人身份的转变，各自的目标、思维方式和行为又发生了哪些变化？
- 造成三人矛盾的根本原因是什么？

具体分析如表2-3所示：

表2-3 从身份、想法（目标）、行为三个角度分析案例

人物	身份	想法（目标）	行为
大军升职前			
大军	同事+朋友	尽量做好自己的工作	互相帮助
丽丽	同事+朋友	不影响收入，也别太辛苦	一起对付主管
小明	同事+朋友	能少干点儿更好	一起对付主管
大军升职后			
大军	主管+朋友	带领部门做好工作，朋友要帮忙	对朋友工作要求更高
丽丽	员工+朋友	尽量做好自己的工作，朋友要照顾我	不听、不服、不配合
小明	员工+朋友	不照顾我，忘本了，不够朋友	不听、不服、不配合

大军、小明和丽丽在最初同为职员时，他们之所以能够同仇敌忾、齐心协力"对付"上司，是因为三人身份相同、立场一致，这折射出一个很明显的思维模式，他们均持有打工人的心态：都是纯粹的被管理者，都只站在自己的角度思考问题，都喜欢将自己的利益最大化。

而当大军升职后，他与其他两个伙伴的身份就不同了，所以思维和行为结果也发生了变化。大军从前途渺茫的职场小白变成了职业前景广阔的主管，不再甘愿混日子，他想要尽职尽责，工作上更努力出色，更何况他了解下属的惯用伎俩，知道如何"对付"下属。于是，他的思维随着职位的变化发生了改变，但他还是把自己的利益放在第一位。可是，小明和丽丽身份没变，思维也没变，想要获得大军的照顾，未能如愿后只能与之对抗。

人还是原来的人，但是大军位置变化了，思维行为也随之发生了变化。由此，我们得出一个结论：**行为背后是思维，而思维如何运作又与身份角色有关，行为与结果能够折射出思维的效能**。换句话说，身份角色的不同决定了思维的不同，思维的不同又触发了行为和结果的不同。

另外，**角色的思维视角不同，情绪反应也不同**。若以积极进取的身份意识和思维视角，他们作为普通员工时会互相支持提升职场竞争力；大军升职后，会将自我身份扩大至部门，思考如何提升管理水平和团队能力，与小明、丽丽形成一体关系而非对抗关系。小明和丽丽也会思考如何利用大军升职带来的优势，积极进取，共同进步，成为职场共赢的伙伴。

不仅在职场上，生活中也是处处皆可看到身份与思维、行为相互影响的情况。

每一个人的人格都是平等的，但是，身份角色和对应的责任会使人的责任、权限、面对的问题与挑战不同。

屁股真的决定脑袋

人们常说，你拥有什么样的身份角色，就会说什么样的话，做什么样的事。就像上面故事中的三个主人公一样，当他们身份变化了，想法和行为也就不一样了。

1. 身份与目标——相互依存，相互匹配

身份与目标相互依存、相互匹配。明确的身份定位是清晰目标的基础，缺乏身份意识或认同，目标容易混乱，实现难度大。生活中、企业里，不乏因身份认同缺失导致目标无法达成的例子，如员工缺乏责任心、学生缺乏内驱力等。

例如，企业试图通过股权计划激发员工的主人翁精神和责任感，但若缺乏真正的事业认同，形式上的激励难以奏效。同样地，家长对孩子学习的鞭策，若未触及孩子内心，缺乏情感支持和学习方法指导，也难以激发他们学习的动力。

身份随环境的变化而变化。例如，小黄在设计公司实习时，因未准确把握工作群中的身份角色，随意发言，最终被辞退。这说明，在不同环境下，我们应清晰自身的身份，调整言行，以达成目标。

当事人所处的环境背景决定了其身份角色。时刻清晰所处环境，调整自己当下的身份，以做出最恰当的言行，有助于达成目标。这样的人不一定是能说会道、八面玲珑的社交达人，但他们会让人感到舒服。反之，人一旦缺乏了身份意识，其目标和行为就不受管理了，就会产生偏差或冲突。比如，夫妻（亲近的人）在激烈争吵中就只想争个对错或者一吐为快，早就把自己的身份角色抛到九霄云外去了。

2. 身份不同，目标不同

因身份差异，个体或组织的目标、思维方式和行为模式呈现多样性。行为是思维的显化，而思维决定着行为，进而影响着结果。实际的事实和结果成为一个人或组织思维效能的明镜。

而身份的差异导致了不同的目标设定，进而反映在个体或组织的思考方式和行为上。思维方式与行为模式的交互作用，最终在生活和工作的种种实践中显现出独特的结果。这个过程如同一面镜子，事实和结果成了对个体或组织思维效能的客观反映。

我们在面对个体或组织的行为和结果时，不妨深入探寻其背后的思维模式。例如：员工、干部、老板对"996工作制"的态度各不相同。

- 员工、干部、老板（对"996工作制"的态度）；
- 消费者、经营者、投资者（对一件商品的态度）；
- 学生、分享者、传授者（对一个课程的态度）；
- 婆婆、媳妇、丈母娘、丈夫（对看孩子的态度）……

面对"996工作制"，有的老板认为合情合理，中层干部认为可随时调整，而员工则认为有点压榨性质。

可见，身份意识非常重要，即便你不能切换视角想问题，也不能丢失自己的身份意识。身份意识的缺失，很容易造成目标偏离，各种矛盾冲突也会相继涌现。当你被负面情绪控制时，你已然丢失了你的身份意识。相反，若你能在自己的身份意识下思考，即使你遇到的是一个蛮横无理的人，也可以轻松自如地去沟通和应对。

同一个人在不同环境背景下的身份角色不同，目标、言行就会发生变化。同样，同一个人在同一环境的不同场景下的身份角色也会有差异，目标、言行也会不同。例如：在会议室向本单位的领导汇报工作和接待外单位客户，言谈举止就会有所不同。另外，不同的时间段，人的身份角色也会发生微妙的变化，顺应角色变化。这时，调整目标和行为也会使人做事更加顺畅。例如，孩子在成长的不同阶段，作为父母若能适时进行角色转换，清晰身份与目标，其行为也会变得更清晰，如图2-9所示：

孩子在不同阶段父母角色的转换
清晰身份与目标 行为边际更清晰

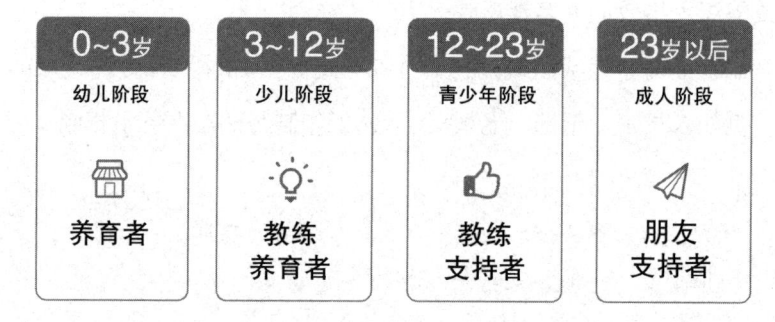

0~3岁	3~12岁	12~23岁	23岁以后
幼儿阶段	少儿阶段	青少年阶段	成人阶段
养育者	教练 养育者	教练 支持者	朋友 支持者

图2-9 孩子在不同阶段父母角色的转换

说到教育，我在2024年有幸受邀给某小学的学生家长授课。

一名一年级的新生家长在参加我的"智慧父母训练营"后，深受启发，她总结了家庭教育的"加减乘除"法，以下是她的学习心得（我们适当做了精编）：

（1）在快乐上做"加法"

有很多家长习惯于赞美他人的孩子，却忽视对自家孩子的鼓励。一旦认识到鼓励是每个人的自然需求后，家长便开始频繁给予孩子正面反馈，例如称赞孩子的画有创意。这样的做法不仅能够放大孩子的快乐，还能增强他们的自信心和乐观的态度，同时也能拉近亲子关系。

（2）在标准上做"减法"

过高的期望往往会给孩子和父母带来不必要的压力和失望。家长学会减少与他人的比较，接受孩子的不完美，降低期望值，从而为自己和孩子减轻负担。例如，孩子在象棋比赛中落败，如果家长意识到这是自己的标准过高，而非孩子的问题，就能减少自己的焦虑。

（3）在陪伴上做"乘法"

高质量的陪伴是最佳的教育方式。家长放下手机，全身心地陪伴孩子，比如一起阅读、举行家庭会议、进行户外活动等，让孩子感受到被重视和关注。

（4）在负面情绪上做"除法"

如果家长意识到自己的负面情绪对孩子造成了深远影响，就应该努力减少负面情绪，多给予孩子鼓励。在感受到自己的情绪即将失控时，家长要及时请伴侣介入，给自己留下冷静和反思的空间。

通过运用"加减乘除"的教育法，家长不仅为孩子营造了一个更加快乐和宽松的成长环境，还促进了亲子关系的和谐发展。

教育家雅思贝尔斯说："教育意味着一棵树摇动另一棵树，一朵云推动另一朵云，一个灵魂唤醒另一个灵魂。"我们经常把孩子比喻成一张白纸，而父母的使命就是在白纸上为孩子画下第一笔，之后的画卷则由孩子在未来的人生路上慢慢描绘。父母是孩子最贴心的守护者，也是最重要的教育者，孩子人生路上的第一笔该怎么画，完全取决于父母。因此，作为孩子的人生第一导师，我们必须首先要明确自己的身份和目标，进而才能指导我们的行为。对于孩子而言，最重要的是在孩子内心深处种下一颗种子，让他们相信自己是一个什么样的人。随着时间的流逝，孩子自然会让这颗种子生根发芽，最终枝繁叶茂、开花结果。这颗种子，就是那关键的第一步。

身份、思维和行为之间的关系错综复杂，它们相互交织、相互影响。学会在这个网络中灵活穿梭，理解每一个身份背后的思维模式，是实现系统性思维的关键。虽然改变认知并非一蹴而就，但正是这种不懈的努力让我们得以不断成长，不断拓展认知的边界，从而更全面地理解自己和他人，更睿智地应对人生的起伏。

平衡统一：做成事的基本要素

在当前这个充满不确定性、复杂性、模糊性和变异性的世界中，我们如何在这样的大环境下成功地做成事情呢？

答案是系统性思维（如图2-10所示），这是应变能力的基础。

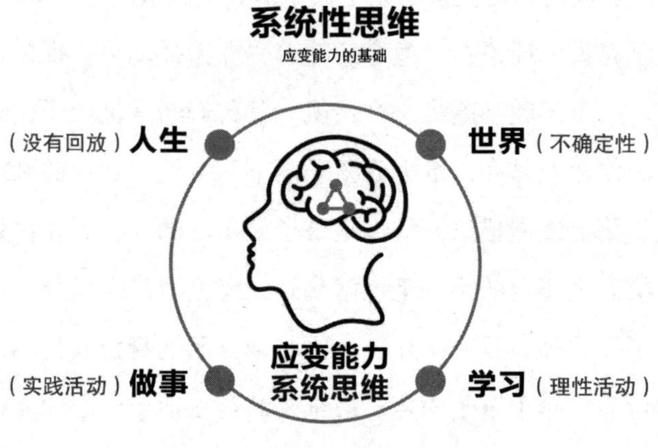

系统性思维
应变能力的基础

（没有回放）人生　　　世界（不确定性）

应变能力
系统思维

（实践活动）做事　　　学习（理性活动）

图2-10　系统性思维

传统的知识学习往往发生在相对稳定的环境下，是一种理性的活动；

而实际做事则充满了不确定性，随时可能触发非理性事件和意外情况。换言之，**生活就像现场直播，没有重播的机会，每个瞬间都可能成为事物发展的关键转折点。**

正因如此，应变能力成为人类生存竞争的核心能力。只有通过系统性思考，我们才能够更全面、深入地理解问题，把握事物间的相互关系，为复杂的现实情境找到合理的解决方案。在变幻莫测的人生直播中，系统性思维为我们提供了深刻的认知工具，帮助我们在动态中找到容错和纠错的方案，助力我们在挑战中不断前行。

顺利成事的基础——系统四要素的平衡统一

佛教三法印有言：诸行无常，诸法无我，涅槃寂静。

凡有大智慧之人，都能驾驭这个社会的不确定性。也就是说，一个人只有理解世界上诸事的无常，放弃自我执着的杂念，才可以从容、淡定的心态迎接最好的与最坏的事情。要做到这一点，就要学会从底层逻辑思维去思考问题，探究什么是本质问题，什么是决定事情成败的核心要素，这样才能做成事、做好事。大多数时候，我们会陷入具体事务中去思考，缺少跳出事件看问题的上帝视角，或者被事件的具体问题吸引，深入到做事的惯性思维和具体细节中，而脱离了做事最原始、朴素的思考基础，也就是所谓的第一性原理。要同时满足回到事物本质的思考和拥有上帝视角，离不开对身份和目标的清晰认识。身份是从人的角度看问题，目标是从事情的视角去看结果。

世上的事情千差万别，决定成事的因素也各不相同，但身份、目标、行动、效果是做成事必不可少的要素。缺少对任何一个要素的思考，做成事的路径都会变得曲折。

明确身份与目标后，更要有行动、有效果，这两者是达成目标的核心支柱。行动是从做事、实践的角度统筹、规划做事的步骤和方法；而效果除了在做事的层面给予反馈，还包含对行动目标的影响和产生的价值和意义进行审视，是一个跨维度应对事物复杂性和不确定性的思维结构。身份、目标、行动、效果这四个做成事必不可少的核心要素在事物特定的时间、空间等背景下取得平衡、统一，保持在同一个逻辑层，是做事顺利的基础。

如图2-11所示，身份与目标统一，目标通过行动达成，行动与效果平衡，效果与目标匹配（平衡）。其中，身份、目标、行动、效果构成一个综合、立体的参考因素，缺少任何一个因素都很难成事，就像汽车的四个轮子，必须大小、方向一致，才能走得更远。

做事时，有身份必有目标，有目标必有行动，有行动必有效果，有效果必要比对目标，形成一个螺旋上升的闭环，这样的思考和规划效能更高。

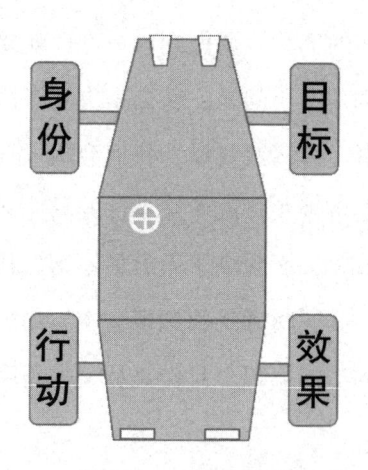

图2-11 系统四要素

不可否认的是，在达成目标的过程中，受到诸多主客观因素的影响，达成目标的确存在一定的难度，比如拖延、诱惑、失控、缺乏意志力等。有时行动了却没达到想要的效果，这恰恰说明做成事的四元素没有达到和谐统一。所以，我们要注意二者的平衡关系，行动和效果是支撑"目标"的两个重要支柱，如图2-12所示：

行动与效果
达成目标的两个支柱

行动 —必有→ 效果

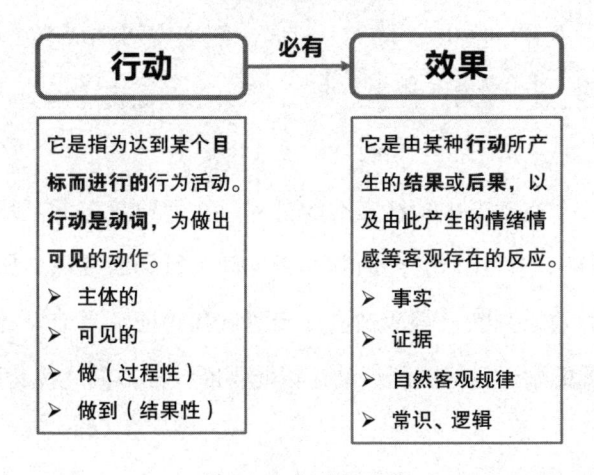

行动：它是指为达到某个**目标**而进行的行为活动。**行动是动词**，为做出可见的动作。
- 主体的
- 可见的
- 做（过程性）
- 做到（结果性）

效果：它是由某种**行动**所产生的**结果**或**后果**，以及由此产生的情绪情感等客观存在的反应。
- 事实
- 证据
- 自然客观规律
- 常识、逻辑

图2-12　行动与效果

任何行动都会产生一定的客观效果，这个效果若能满足实现目标所需的条件并符合自然规律，目标便得以实现；反之，若不符合，则目标就难以达成。

在这四个要素中，效果是受思维加工影响最大的一个。我们对效果的自我评估往往受到主观因素的影响：当我们急于求成时，我们倾向于看到事物的合理性与可行性；而在感到沮丧和受挫时，我们看到的是悲观绝望的前景。同样，他人对我们行动效果的反馈也常常带有个人的主观偏见。因此，在行动的过程中，我们需要不断地在自己的主观判断和他人建议中探寻客观素材，以此来支撑我们的判断决策。通过这样的探索，我们可以做出更符合事物发展规律的选择，从而使我们增长智慧，达成目标。具体如图2-13所示：

效果比对
以终为始　不忘初心

✓ 目标和效果是硬币的两面，缺一不可

✓ 效果的评定是符合事实的、有证据的

✓ 有效与否由目标达成的关联方认定

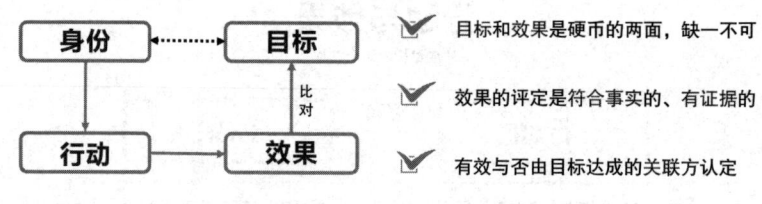

图2-13　效果对比

做事是一个在动态中持续实践的过程。在理想状态下，每一个行动的效果都应与目标进行比对，判断其是否推动了目标的实现。那些缺乏事实和证据支持的效果判断，都应被进一步测试和验证。当结果尚不明确时，我们可以尝试更贴近目标的新行动，以此不断校准方向、优化路径。

例如，在与客户交流后，若客户说"挺好"却迟迟没有下单，而我们又轻信这句"挺好"而坐等客户，可能就会错失良机。如果我们质疑这个"挺好"背后的效果，又似乎缺乏依据。这时，我们不妨将这个"挺好"视为"没有或者不确定"。我们可以用新行动，如发送报价或递交合作意向等更接近目标达成的措施来进一步验证，无论客户是接受还是拒绝，抑或是提出新要求，都能让我们获得更精准的判断和真实的效果素材。

最终，系统四要素平衡统一的最高境界在于，当四要素的任何一个元素超越边界或实现无边界突破时，其他元素也会随之突破，形成新的平衡。这就是创新思维在实践中的体现。具体如图2-14所示：

创新思维
在任何一点突破都是创新

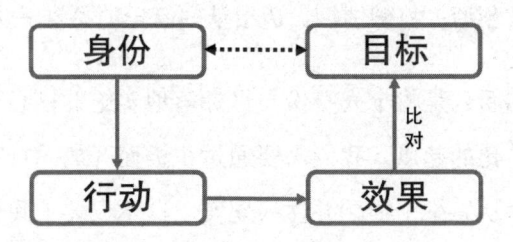

图2-14 在任何一点突破都是创新

当我们打破常规，对身份、目标、行动、效果这四个要素进行突破性的重构，打破其原有边界并重新建立新的动态平衡时，才有可能孕育出真正的创新与成果。

1. 身份突破创新：打破自我设限，重塑认知根基

身份的突破，是认知升级的重要起点。这不仅是对外在角色的重新审视，更是一次向内的深度探寻，挖掘内在核心的价值与潜能。通过重新定义自己的身份，我们才能跳脱固有的认知框架，激活个体的独特性，从而为认知的重塑提供坚实基础。比如《周处除三害》的故事中，周处在得知自己在乡人眼中是"祸害"后，猛然觉醒，立志改过自新，这个"自新"正是打破固有身份认知、重塑自我的过程。

2. 目标突破创新：设定明确愿景，引领认知升级的方向

目标突破创新是认知升级中的动力源泉。通过设定宏大、明确的目标，我们能够更有针对性地引领认知的升级方向。这不仅仅是对未来的高预期，更是为思维与行为提供了前进的动能。目标的突破创新使我们不断追求更高的认知水平，将思考的焦点更加清晰地聚集在个体成长和发展的

方向上。例如，马斯克每一次颠覆性的目标都会让人产生"天马行空"的质疑，也令很多人感到激动乃至望尘莫及。

3. 行动突破创新：打破惯性，迈出认知跃迁的关键一步

行动突破创新，是将个人身份与目标落地实施的核心路径，也是认知升级真正开始转化的起点。我们需要通过积极而开放的行动，去试探未知的边界，把理念从思维中唤醒并注入现实。这不仅要求我们放下对确定性的执念，还要有意识地跳出固有的知识框架，以更加果敢、灵活的方式面对世界的复杂性。

无论是牛顿因苹果落地而揭示万有引力，还是SpaceX突破常规勇敢挑战火箭回收的极限，都体现了"敢于迈出那一步"的力量。事实证明，只有通过真正"出圈的行动"，我们才能打破思维定式，实现认知的跃迁，进而推动个人与社会的创新发展。

2018年，新中国历史上迎来了一个里程碑式的时刻——第一所由社会力量创办并受到国家重点扶持的新型研究型大学——西湖大学正式成立。近几年，在这片孕育创新的沃土上，众多年轻人的原创科研项目正如雨后春笋般涌现，结出累累硕果。

国际知名生物学家施一公教授与西湖大学的名字紧密相连。在此之前，他不仅是美国普林斯顿大学分子生物学系史上最年轻的终身教授，还曾担任过清华大学的副校长。然而，在施一公的心中，创办西湖大学是他在这个伟大时代所肩负的重大使命。

2023年5月，CCTV4的《鲁健访谈》栏目对施一公进行了专访。他坚定地表示，中国科技的自立自强进程需要提速，甚至要提前10年、20年来布局。"或许有人会说，就凭一个小小的西湖大学就想改变世界吗？我反

问一句，为什么不能？如果想都不敢想，又怎么可能改变世界。"这番话，正是对行动与突破的最好诠释。

4. 效果突破创新：评估成果，调整认知升级的轨迹

效果突破创新是认知升级过程中的反馈和调整环节。通过对超出预期的效果接受和再评估，我们能够更清晰地重构与其他三个要素的关系，认识到认知升级的新进程和新方向。这个过程不仅是对成功经验的总结，也是对失误的深刻反思，基于"失误"的效果，突破自己固有的思维框架，重构一个新的四要素的平衡关系更具创新性。这种基于效果的创新，使我们能够不断优化认知升级的轨迹，保持思维的灵活性和适应性。

在身份、目标、行动和效果这四个要素的创新中，关键在于找到认知升级的有机连接构建新平衡。人处在宁静、平和、心安、自在的状态下，越容易看清事情的全貌，越可以无限接近宇宙真相，在轻松快乐自在中激发出创新的灵感。

成功模型：做一个思路清晰且高效的奋斗者

人的一生充满了不确定性，时而平淡如水，时而跌宕起伏。有人会找到目标勇往直前，有人却因不知目的地在何方而陷入阶段性的迷茫之中，清醒后迷茫，迷茫后又清醒。

如果把人生比作一只行驶的小舟，我们就是小舟上的掌舵人。当遇到惊涛骇浪时，唯有找到逆流勇进的路径，才能抵达目的地。为此，我们需

要一个成功的思维模型,抑或是做事的工具,来指引我们成为那个思路清晰且高效的奋斗者。

具象法则——简单成事的成功模型

如果这世上有一个工具,可以帮助你捋清做事的头绪,提升你的认知水平,让你锁定目标并实现它,你是否愿意暂时放下手中的一切来学习它?这个工具就是具象法则。

简单来说,具象法则就是让你知道做到、简单成事的目标达成法则,是成事四要素在时间参数背景下,构建起一种螺旋式上升的思维逻辑模型。

如图2-15所示,根据这幅具象法则思维逻辑图,我们可理解和定义其核心:**以做事的人为主体,明确与自己身份匹配的目标,并帮助我们发现、突破思维瓶颈的目标达成法,同时也是让我们知道做到实现愿望、心想事成的幸福法则**,即我们在本书开篇提到的具象法则,它是贯穿全书的宗旨,并且是我们始终在运用的一个思维模型。

成功模型
做成事的基本行动模型

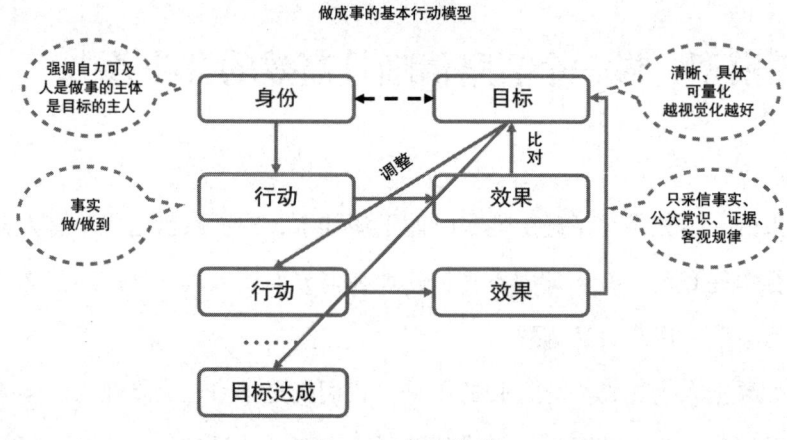

图2-15 成功模型

与现行的把人或者事物作为对象（客体）的研究不同，具象法则的独特之处在于，它是以做事的人作为主体，人是目标的主宰，也是身份定位后的社会角色。无论从事何种事务，主体的角色至关重要。只有清晰地定位自己的身份，目标才能更加明确，随后的行动才会更加精准有效。

具象法则思维逻辑图使当事人能够将自己的现实情况清晰地摆在面前，从而跳出自我的局限，从更广阔的视角审视自我。因此，它是人们在生活这个修炼场中进行自我觉察与成长的有力工具，其系统性和连贯性也决定了：任何单独的部分都无法独立发挥完整效能，唯有整体协同，才能体现其真正的价值。确切地说，具象法则是一种"知行合一"的系统训练方法，它通过自我认知的升级训练，赋予你思想、语言、行为一致性的能力，帮助你快速达成目标。

主体性思维模型——在剧变时代找回内在觉醒的力量

在这个科技日新月异的时代，AI、大数据、算法推荐的普及正极大提升着信息的可获取性与自动化效率，改变了人类与世界之间的关系。但与此同时，也带来了全新的挑战：信息过载、价值混乱、规则空白、边界模糊。

人们在数字世界中一边高呼"人权至上""去中间商差价"，一边又在不设防地公开自己的隐私、忽视商业伦理的同时又期待技术公平。这些看似矛盾、实则真实的生存状态背后，有一个共同的信号：我们愈发依赖外部系统，却忽视了对内在系统的构建。

主体性思维，正是在这样一个充满冲突与不确定的时代，成为我们找回内在锚点的钥匙。

主体性是指一个人在面对外部环境和内部欲求时，能够以自我为起点进行清晰思考、独立判断、有意识决策和有目的行动的能力。

主体性不是一种态度，不是抽象哲学，也不是孤立于社会规则的自我中心，更不是情绪化的任性。它是一种能够以第一人称视角、带着觉察与目的感去组织认知、做出决策、推动行动的能力。确切地说，是一种认知方式+行动模型+精神方向的复合型能力。

为方便理解主体性的形成与修炼路径，我将其提炼为一个三阶路径模型，具体如表2-4所示：

表2-4　主体性思维三阶路径模型

阶段	核心关键词	关键提问	常见误区	成长工具	阶段目标
第一阶：意识觉醒——发现我是谁	观察、觉察、自问	我现在的真实感受是什么？我的想法是从哪儿来的？	把别人的期待当成自己的目标；情绪驱动认知判断	第一人称写作；扪心自问；自我对话练习	从模糊感受中找回"我"的声音
第二阶：认知重构——重新定义目标	选择、取舍、定位	什么对我真正重要？哪些东西虽然诱人但并不值得？	隐蔽的惯性思维还在影响自己的思维逻辑	价值澄清练习；反向提问；优先级排序表	厘清方向，构建清晰自我坐标系
第三阶：行动整合——用行动回应真实的自己	合一、一致性、修正	我有没有活出我认定的方向？我的时间与精力投向是否匹配我的选择？	思行分离；"知道了"但没有做到	时间使用复盘；行动-思维同步日志；每日价值对齐记录	实现思维、体验与行为的三位一体

在表2-4中，我们可以看出主体性思维不是一种点状能力，而是一条可以训练和修炼的路径。从内在觉察开始，经过认知重构，最终走向行动统一。它不仅帮助我们做清晰的决定，更在过程中打造一个更加稳定、有力量的内在系统。主体性思维的第一个本质价值是：它让我们重新回到"我"这个起点，而不是从"别人怎么说""环境怎么要求"出发。这一点正是具象法则所主张的核心视角——**将模糊的客体问题转化为清晰的主**

体感知。同时，这也是本书主张"具象"的意义所在（如表2-5所示），即在高度抽象、碎片化的认知洪流中，重新建立人与自我、人与世界之间的清晰连接。主体性思维就是这条"具象之路"的底层路径。

表2-5 具象法则思维模型与主体性思维模型的对比

具象法则的目标	主体性思维模型的功能
从对象性学习到主体性自觉	让人从"知道很多"到"清楚我真正要什么"
从概念跳跃回到经验本身	把"概念"具体化为"行动经验"
从被动反应到主动表达与创造	强化第一人称视角，成为生命自由的创造者

相比于心理学、管理学等注重"客体研究"的学科，主体性思维关心的是：**我如何看问题，我如何定义自己，我如何决定行动**。主体性思维是普通性覆盖下的特殊关怀，这种关怀对做成事更具决定性。这是一场从"对象性学习"到"主观性觉醒"的转变。

当下，不少身心修行方式，如禅修、瑜伽、正念等，也在强调向内。但它们多数偏重于身体或灵性的修炼，独特的体验即使可描述也难以复制和广泛普及。而主体性思维则是一种更具"结构性、语言性、逻辑性"的工具，它更接近普通人日常生活中可以使用及掌握的认知方法。

科技越发达，人心越容易迷失。人类推动AI发展的意义，不应只是生产力的跃升，更应是心力的唤醒。

中国有句老话："劳心者治人，劳力者治于人。"AI替代的是劳力，而不应是人类的心智判断与精神自主。**主体性，就是让我们不被AI控制，而能让AI为我所用。**

当我们为AI自动生成文案而惊喜，又为它取代设计师、工程师而焦虑时，不妨问一句：我们是否已经把"创造力"误以为是技术的产物，而忘了它本该是我们内在精神的自然流露？

主体性思维，并不是让人脱离社会，也不是让我们逃避外部世界，而是让人在纷繁复杂的时代之中，让我们在更强的觉知下找到清晰的自我，在变化中做出自洽的选择，在行动中不断修复思维镜像，让每一次决定都更贴近真实的自己，最终与外部世界达成和解——不是对抗，不是盲从，而是合一。

在被技术裹挟、信息喧哗的今天，具象法则正是主体性思维，为我们打开了一扇门：回归本心，面对真实，问自己到底要什么，从而做出不盲目、不内耗的决定。它不是一个哲学命题，而是一种人生方式，是一场可被具象化、可被训练、可被实践和验证的"内在修行"。

具象五问——时刻清晰当下

如果说四元素是做成事的底层思维逻辑，那么"具象五问"就是四元素在构建成思维模型后转变成的可以随身携带的指向标，指引我们远离惯性思维的陷阱，走向智慧的路径，如图2-16所示：

具象五问

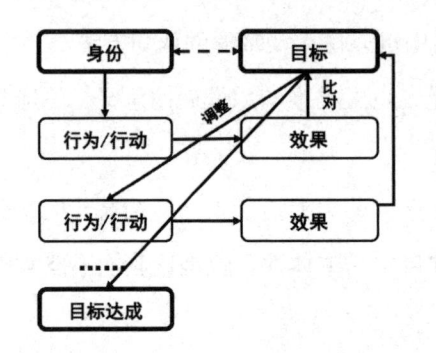

我是谁/我的身份是什么？
我的目标是什么？
我做/做到了什么？
效果如何，是我以为的吗？
如何调整？

图2-16　具象五问

1. 我是谁/我的身份是什么？

这个问题触及了自我认知的核心：我是谁/我的身份是什么？通过深入

探究"我是谁",我们能够更全面地理解并认同自我的身份,发掘个体的独特性及核心价值所在。明确自身在不同情境下的身份角色,是构建稳固自我认知基石的关键,它能确保我们的行动与目标紧密相连,使我们在面对外界干扰时仍能保持自我,不迷失方向。这种自我意识的持续培养和教育,在日常生活中逐渐累积,将极大地激发个人的内在动力。

与个人IP强调社会标签的刻意塑造不同,身份定位更注重内在自我的认定,而角色意识则侧重于在实际行动中,个体作为行为主体对事情产生的具体作用和影响,它更加关注内在的真实性和实质性。即使暂时缺乏内在驱动力,我们也可以通过明确自己在事件中的角色来有效达成目标,并界定行为的合理边界。这种角色认知更加注重客观现实与实际行动的结合。

2. 我的目标是什么?

明确目标是踏上成功之路的第一步。身份和目标是一体的关系,二者不可分割。目标越具体、明确、量化和视觉化,就越能激发我们的行动力。通过深入思考"我的目标是什么",我们能够设定清晰的愿景,描绘出具体的方向。这个问题会引导我们深入思考生活的目标,激发内在的动力,帮助我们将心思集中在重要的事务上,远离那些琐碎和无意义的活动。目标的实现不仅是其直接价值的体现,更是我们登顶的绳索,帮助我们锁定方向,避免像浮萍一样随波逐流,也不会被行进的动感所迷惑,陷入思维陷阱中自我欺骗,从而躲避游戏升级中打怪的挑战。

3. 我做/做到了什么?

行动是实现目标的基石,没有行动,一切都是空谈。在行动过程中,反思"我做/做到了什么"有助于我们审视自己的实际成果。这个问题引导我们面对现实，审视现实的环境背景和实际拥有的资源，回顾过去的努力，看到自己的成绩，也认识到自己的潜力，统筹资源，规划和执行。这种具体的思考让我们更加理性、务实、勇敢和自信，同时激发我们对未来更高标准的渴望。

4. 效果如何，是我以为的吗？

在评估行动的效果时，思考"效果如何，是我以为的吗？"这一问题会促使我们审视自己的预期和实际结果之间的差异。这不仅有助于我们深入理解自己的判断和预测的准确性，而且能让我们更加客观地看待事物，从而做出更加明智的决策。同时，有事实和证据支撑的效果也可以避免我们陷入自我欺骗的陷阱中，帮助我们认识行为的影响和价值，避免被短期感受或物质利益所迷惑，使我们能够更全面地审视事件、自我以及一言一行的起心动念。

5. 如何调整？

实施行动后，基于效果与目标之间的差距，思考"如何调整"是持续改进的关键。这个问题将引导我们不断反思，找到行动中的改进点，使我们更加灵活、适应性更强。通过这样的调整，我们能够更好地适应环境变化，提高自己的执行力和适应力。这会确保我们不会成为目标的奴隶，始终以终为始，不偏离愿景目标，不忘初心。

在具象法则中，所有行动之前的想法都只是猜测和判断，它们通常以"被想到"的形式记录下来，比如某天发生了什么事，我的想法是……这些想法在没有转化为行动、没有获得实际体验之前，都只是"我以为"的猜测。我们并不知道它们是否符合客观规律，也不能确定真实体验是否如我们所期望的那样。因此，在具象法则的行动链条中，它们并没有一席之地。

具象法则是一套闭环的思维训练系统。它的构架是全息、立体、复合、平衡的。在今天这个信息化、数字化的时代，我们缺乏的不是学习的途径，如各种培训班、兴趣班，多种形式、形态，你可以自由选择，任意发挥，我们缺乏的是驾驭这些知识和思想的系统。

在眼、耳、鼻、舌、身、意这六根中，最难管理的是"意"，就是我们的思想。没有经过训练的大脑往往是混沌的、不清晰的。在学任何东西之前，如果先学会管理自己的思维，势必能事半功倍。

很多人不相信思维和认知是可以塑造的，还有很多人排斥思维认知的重塑，担心被洗脑了。他们举出大量的被洗脑操控的案例来证明精神绑架的作用。殊不知，我们自己不了解思维背后的真相，又想为自己对未知、失败的担心和恐惧找个理由。这恰恰是不自信、不清晰的人要学习思维管理的价值。那些被洗脑的事件的本质是它们映照到了人性深处的需求，我们允许内心与之呼应并付诸行动。即使是我们接受的一个人生规划或企业管理的方案，也不过是一个外在顾问用他的知识把我们内心需要的描述出来而已。这些貌似经由他人提出的方案，实际上是符合我们心意的，与我们内心深处的需求或想法相呼应，否则你就不会接受他的建议。

在我们每个人的内心深处，人性的光辉与丑陋并存，这就是我们会被真善美的人及事物感动，被假恶丑的事物威慑、影响的原因。我们学习思维管理的目的是激发人性之光辉，抑制丑陋的萌发。

具象法则就是这样一套工具，它研究如何用看得见的行为和结果折射看不见的思维的效能，训练我们提升思维管理的能力，避免消耗，直达目标。如果把人生当作一场射箭，目标是靶心，你的思维和能量是一把弓，那么具象法则就是运用这把弓的那股无形的力量。当你掌握了这个力量时，直击靶心就不再是偶然事件，而是胸有成竹的必然事件。

一位学员在学习了具象法则后，成功实现了团队管理的省时省力。

起初，作为销售冠军晋升团队负责人的他，对领导团队及团队建设并无经验，内心充满了抗拒。然而，为了获得更多的话语权，他不得不接受挑战。

面对新加入的3名应届大学生，他决定采取高效策略。首先，安排系统培训，让他们自主学习公司流程和产品知识。其次，集中学习具象法则线上课程，并结合工作实际讨论，教会他们销售技巧。在学习的过程中，他们共同复述、理解课程内容，并结合实际案例深入讲解。

经过三个月的训练，这三位新员工已经能独立汇报客户项目进展，并顺利通过试用期，赢得了上级和人事部门的高度认可。如今，新员工入职已满八个月，而他依然坚持用具象法则来进行管理，尤其通过"具象五问"引导他们有逻辑地进行工作汇报。

在长期的训练下，他需要操心的事情越来越少，这几名新成员不仅能独立开发客户，每个人手中也都有稳定的客户资源，业绩表现亮眼，公司也将他们视为重点培养对象。

遇事多问五问，日常生活中的大部分简单的事情就不会让你纠结、迷茫了。

为行为注入导航，遇事不再迷茫

在构建成功的模型后，就算我们依然会在实践中偶尔陷入迷茫或者出错，也不是不可挽救的。

首先，我们可以为行为注入导航（如图2-17所示），以便更加明确自己的行动方向，减轻在决策和行动中的迷茫感。这种明晰的导航系统使我们更有信心面对未知，更有力量前进。

为行为注入导航

遇事不再迷茫

☐ 提升觉察力：
带上刹车

☐ 知道做到：
带上导航

图2-17　为行为注入导航

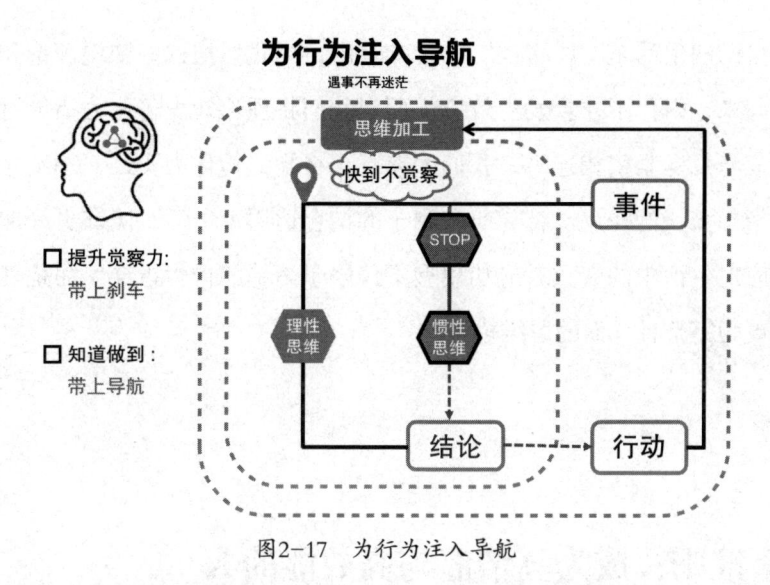

其次，我们可以运用两个思维工具，使做事及达成目标变得更加张弛有度，具体如图2-18所示：

导航与刹车

给自己一个清晰行动指南

图2-18　导航与刹车

在"惯性思维的三角戏"这一节中，我讲到了导航与刹车。我们了解到，人在没有觉察时，大部分生活会被惯性思维所支配，学习到的知识理论和自己的生活是"两张皮"，影响有限；当我们把这些知识理论和自己关联起来，内化了才会发生效应。而当我们将理论知识转化为指导行为的指南，与目标紧密相连时，我们才能真正将知识转化为实践，理论才得以发挥指导实践的作用。将导航和刹车的结合运用于生活，能够更好地帮助我们应对生活中的变数。成功模型不仅限于简单的行为指导，而是升华为一个更为完整且全面的思维模型。

行事准则：成为高情商与高效能的人

在本节中，我们将深入探讨正能量与高效能的保障，探索成为高情商与高效能个体的核心逻辑，以及遵循的原则和方法。

总体而言，我们强调两个原则和三种态度（如图2-19所示）。

两个原则： 向上、向善。

三种态度： 面对、臣服、迁善。

行事准则

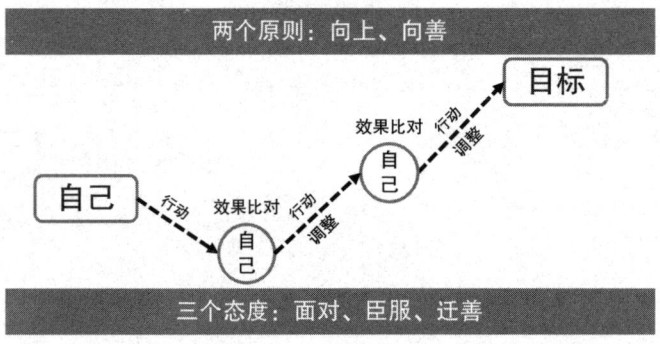

图2-19 两个原则与三种态度是正能量与高效能的保障

用在高速路上行车来比喻做事的话，三种态度就是路基，因为扎实的路基可以承载百年、千年，而两个原则就是护栏，可以帮我们预防意外，安全护航。

下面，先来分析一下关于"教育的智慧"的案例（如表2-4所示），看看主人公是如何将冲突转化为正向目标的。

表2-4 教育的智慧案例解析

事件	一个孩子在情绪失控时当众和班主任发生了冲突，随后被要求写检讨。家长很配合，陪孩子写检查到深夜。孩子入睡后，家长发微信给班主任，希望给孩子一个机会，保护他的自尊心，不要让孩子当众宣读检讨书
纠结	班主任陷入了两难：一方面，担心如果答应了，可能会对其他孩子产生影响，怕他们效仿；另一方面，如果不答应，又不知如何回复家长，担心影响双方的关系
思考	类似的批评教育发生过吗？有效吗？教育的目的和意义是什么？这个孩子确实在班上经常发脾气，尽管之前原谅过，也尝试过类似的批评教育，但效果都不明显，还是会犯。批评=无效；批评≠达成目标
结论	是否宣读检讨书不是重点，重点是这个孩子能否认识到错误并改正，学会控制自己的情绪。 对于班级里的其他孩子来说，能有对错的标准，不会混淆是非。答应家长的要求并不是目的，以此为契机加强家校沟通并助力孩子健康成长才是目的
行动	第二天，班主任和孩子进行了谈话，积极肯定了孩子写检讨书的行为，并表达了对孩子成为好学生的期望，以及愿意认真改正错误的意愿（这也是任何一个在组织中的人的基本逻辑，也是真正激励人积极进步的契机）。班主任提出一个约定，如果孩子在这周内都不再发脾气，不仅不会受到批评，还会得到表扬。同时，班主任与家长配合，每天反馈孩子在学校和家里的表现，共同支持孩子的成长和改变。 在第二周的班会上，班主任给所有同学展示了处理类似事件的样板
标准	发火不对，知错能改就是好孩子！有情绪沟通情绪而不是用情绪沟通。 表扬犯错的孩子知错就改，愿改，能改。告诉孩子们，每个人都有约束和管理自己的能力，这个能力以后会变得更强

通过这个案例，我们看到了高情商高效能的人如何运用两个原则和三种态度，从纠结中思考，突破思维瓶颈：犯错不及时批评=别人会效仿，

得出符合教育目标的结论,并采取明智的行动。这为我们提供了在实践中培养高情商和高效能的方法和准则。下面,我们分别来谈一谈这两个原则和三种态度。

两个原则——向上、向善

向上、向善不仅是衡量我们言行举止的准则,更是中国传统文化精髓与精神内核的集中体现:它激发人们内心的向上之志,使人变得坚韧不拔;同时,它也传递着深厚的相互关怀之情,让人感受到温暖与和谐。具体如图2-20所示:

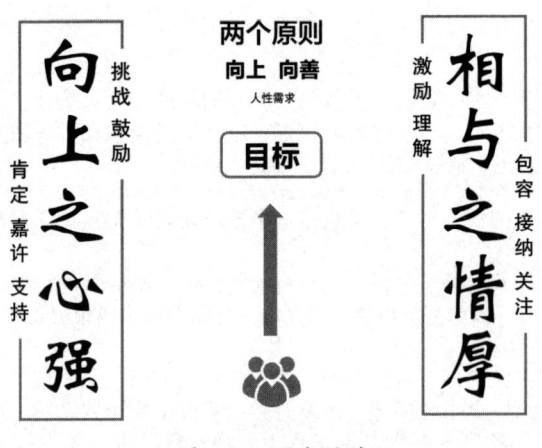

图2-20　两个原则

何为"向上"?它是指向目标的行动和辅助达成目标的行为,具有多重含义,主要是指奋发进取、追求进步。我将其精髓概括为五个词,即"挑战、鼓励、肯定、嘉许、支持"。而关于"向善",我们可以将其理解为辅助达成目标的行为效果,大意为明德惟馨、择善而从,用"激励、理解、包容、接纳、关注"来形容可能更为贴切。二者虽有行动或者效果的不同侧重,但共同构成了行为的原则。如前所述,行动和效果是达成目标的两大支柱,而向上、向善则是这些支柱的坚实地基。

我们亦可将向上、向善的言辞比作天堂的和谐旋律，那些能够奏响这美妙乐章的人，宛如天使降临人间。与天使同行，无论是亲人、孩子还是朋友，都能在其影响下逐渐展现出天使般的品质。反之，打击与否定的话语则如同地狱的回响，其发声者仿佛魔鬼，长久与魔鬼相伴，人亦可能渐染其恶。被天使环绕的人，行事自然顺畅无阻；而受魔鬼纠缠者，则步步荆棘。要实现目标，将自己转变为天使，其实也只在一念之间。遗憾的是，这一点常常被我们忽视。

有一名著名商人曾回忆起自己年轻时的趣事，其中有一件事令他记忆犹新。

那时的他还只是商铺里负责打杂的伙计，常被店主派去债主家讨债。有一次，在他去讨债的途中突遇暴雨。刚打开伞的他恰巧看到不远处有个陌生人没带伞，正无处躲雨。于是，他赶紧跑过去，为这位素不相识的人撑起伞。

其实，每次外出遇到没带伞的人，他都会上前为其撑伞。日子久了，整条街的人都记住了他的名字。

或许在某些人看来，他的这种举动有些"多管闲事"，但他却始终相信"爱出者爱返，福往者福来"的道理。他时常带着调侃的语气说："有时候，我偶尔忘记带伞也不用担心，因为那些我曾经帮助过的人一定会为我撑伞。"

人生短短数十年，唯有走正道，做善事，才能称得上是"向上"。《易经》有云："天行健，君子以自强不息；地势坤，君子以厚德载物。"意为君子既要像天一样，有奋发图强、自强不息的精神，还要如大地一般，拥有包容万物之心，这是做人要"向上和向善"的学问和智慧。

宇宙万物以自己的节奏在运转，一刻也不会停留，作为其中的一分子，如果"不思进取"，就如同逆水行舟，不进则退。如果自以为是地认为自己可以改变世界的运转规律，也是将自己凌驾于规律之上的狂妄，缺少对万事万物平等的慈悲和包容，自己定义出"好坏、上下"的分别心也会使自己脱离宇宙运转的规律而受到规律的惩罚。

更何况，人生在世本就不可能永远一帆风顺，本身就是规律的一部分，如果你整日投机取巧，不思进取，就是"向下"的表现；如果你越挫越勇、自立自强、不畏艰苦，那么你的人生将是积极向上的。

不仅如此，向上在普通人中也发挥着巨大的力量。

以下是一个真实的故事，讲述了一个学员如何以积极向上之心引导儿子小锤子迎接篮球学习中的挑战。

小锤子，一个六岁的篮球小迷弟，满怀憧憬地踏入了校外篮球培训班。然而，不久之后，他却以肚子疼为借口，频繁逃避课程。起初，我的这位学员并未对儿子的这一情况予以重视，但当这一现象反复出现时，他意识到了问题的严重性。

在一次陪同上课的过程中，他目睹了教练严厉的教学方式。对于动作不熟练的孩子，教练会大声训斥，甚至要求他们重复练习多次。看到其他孩子因训斥而感到手足无措，甚至哭泣时，他开始理解儿子为什么会"肚子疼"了。

私下询问儿子后，他得知儿子确实是因为害怕教练的严厉而选择逃避课程。他观察到，这种严厉的教学方式在教练中普遍存在。他们或许认为，只有通过吼叫和严厉才能让孩子专注于学习。然而，这位学员却开始质疑这种教学方式对孩子成长的益处。

面对这一困境，他采取了以下行动：

1. 明确目标：他首先思考了孩子学习篮球的目的和期望达成的效果。他意识到，孩子的热爱、强身健体、抗挫能力和耐力的提升以及团队意识的培养才是关键。他明白，如果教练的行为让孩子心生恐惧，丧失对篮球的热爱，那么孩子将无法持续投入时间和努力。

2. 积极沟通：他与教练进行了坦诚的交流，表达了孩子对篮球的热爱和在家中的努力。他请求教练能更多地给予孩子鼓励和动作示范，以支持孩子的成长和目标实现。

3. 鼓励与陪伴：他与孩子进行了沟通，告诉他教练会改变教学方式，并承诺会陪伴他一起练习篮球。他的鼓励和支持让孩子能更加勇敢地面对挑战。

随着时间的推移，教练的态度发生了变化，对孩子少了些呵斥，多了些示范和鼓励。孩子也更加努力地练习，进步显著。在短短几周时间内，孩子的篮球技能得到了显著提升，并在课程中成为示范者。

通过这件事，这位学员深刻地理解了向上之心的重要性。每个孩子都希望做好，而家长的相与之情、支持和鼓励是他们成长的关键。当我们以积极向上之心去面对挑战，并采取切实有效的行动时，我们就能帮助孩子克服困难，实现他们的目标。

整个过程也贯穿了学员之前学习的具象五问，他明确了自己的身份角色和目标，及时调整了行为，有效沟通并陪伴孩子渡过了难关。最终的结果是，孩子更加愿意上篮球课，并在学校社团中主动报名了篮球。这充分证明了向上之力在平凡中的巨大作用。

凯文·凯利在《宝贵的人生建议》中寄语女儿："如果要在正确和善良中选择，请选择善良。"他阐释了正确与善良的不同维度：正确基于当下视角，而善良则体现人性之美，贯穿宇宙观与人性，超越思维局限。因此,眼前的"正确"应让位于人生真善美的积累。人们往往因认知局限和自我保护难以摆脱"自我正确"的执念,而爱与善良则是超越自我、向上向善的力量源泉。

生活中,向上、向善的言行易辨识,即使惯性思维一时难以践行,我们也能识别出不善言行并及时止步。然而,对于长期受谦虚内敛、挫折教育影响的人来说,虽易接受向上、向善原则,却难以实践。他们习惯聚焦缺点,缺乏发掘负面事物中积极因素的能力。

有对父母为子女教育举家迁往深圳,高考后严肃告知孩子要去电子厂勤工俭学,以体验挣钱之艰辛。其实,他们的孩子平时已经很努力学习了,成绩也不错,上本科应该没问题。后来,孩子和我描述他当时的心情:"我这三年有多苦,他们根本就不知道,好像我就是一个不懂得知恩图报的'寄生虫'。所以,我没有说任何反驳的话,第二天开始坚持每天12个小时去工厂,我只想挣点钱补偿他们来安慰我卑微的生命。"

这样发自孩子内心的声音,父母们可能永远也听不到。然而,他们却执着地认为自己为孩子付出了一切,甚至预判他们未来可能遇到的艰辛,而提前让孩子体验生活的苦。殊不知,孩子高中三年的学习生活并不比在电子厂轻松,而父母却因缺乏觉察,自以为是地预判了孩子的人生。

在一档综艺节目中,某位女艺人分享了她与儿子的相处之道。两人如朋友般亲密,相互鼓励,倾诉心声。然而,该女艺人曾是个倾向于干预儿子生活的母亲,直到有一次因为一件小事发生争执,儿子的一番话让她幡然醒悟:"我的未来你没有去过,你不要用你过去四十年的经验来告诉我,我的未来是什么样子的。"

这句话深深地触动了该女艺人。她意识到,许多孩子不愿与成人沟通是因为觉得成人常常越界。作为母亲,她可以分享自己的经历,但无权干涉儿子的生活,因为那是他的人生旅程。与其为孩子指明未来的方向,不如陪伴他共同走过。

为了让向上、向善两个原则发挥积极的作用，平时我们在练习这两个原则时可以用到一个方法，就是找优点，找到人和事美好的一面（如图2-21所示）。这个能力可以激发我们在日常生活中，尤其是在"坏事"中找到向上、向善的契机。

练习方法：找优点

找到美好的一面

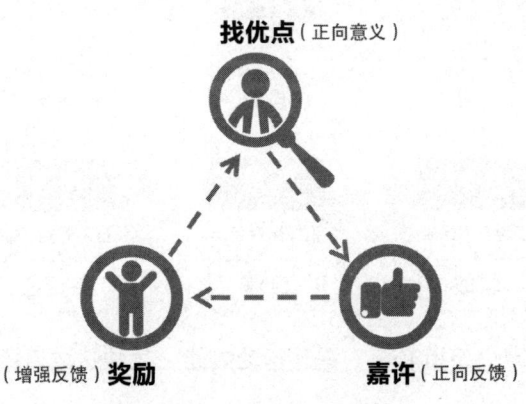

找优点（正向意义）

（增强反馈）奖励　　嘉许（正向反馈）

图2-21　练习方法：找优点

通过寻找优点、奖励和嘉许，我们能够在日常生活中注入正能量，提升个体和团队的积极性，形成良性的互动循环。这种实践有助于塑造积极的心态，加强人际关系，使个体更好地适应复杂多变的社会环境。

任何事情都有积极的正面意义，看不到是因为看问题的视角不够全面。中国人一直都有塞翁失马、福祸相依的辩证思维。做这个练习是提升自己全面看问题和欣赏的能力，使我们能淡定、释然地面对生活的起起伏伏，学会善待自己才会爱别人，也才能更加包容，与人为善。

其实，这种思想的光辉在孔子的教育案例中、在儒释道思想中一直存在，以人为本，向上向善，慈悲仁爱，它们始终熠熠生辉地照耀着我们。这些人类文明的瑰宝亘古不变，不会因为社会进步了，人们制造了更多的规则而改变，反而需要人们能辩证地理解规则和人性与人文的关系，文明只需要打开心门让文明之光照进心灵。

三种态度——面对、臣服、迁善

人在做事时需要三种态度：**面对、臣服、迁善**（如图2-22所示）。解决问题同样需要这三种态度，否则认知铁三角会进行"自我欺骗"。

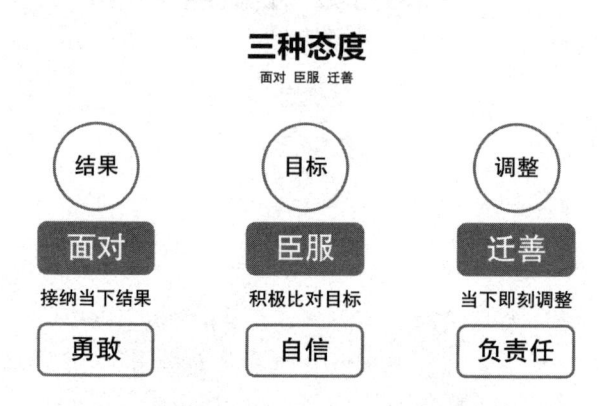

三种态度
面对 臣服 迁善

结果 — 面对 — 接纳当下结果 — 勇敢 — 减少无用消耗
目标 — 臣服 — 积极比对目标 — 自信 — 提升行动效能
调整 — 迁善 — 当下即刻调整 — 负责任 — 更快达成目标

图2-22　三种态度：面对、臣服、迁善

1. 面对

面对，意味着全然接受现状与行动后的所有事实与效果，包括未显见的部分，这要求勇敢直面现实与真相，不自欺，需源自真实与真心的巨大勇气。它要求人们直面完整事实，不回避困难，正视自身条件、资源及环境真实状况，剥离思维加工的假象，这需要勇气与力量。

面对，是成事者对事实的态度。在应用层面，无论效果是否支持目标，都要勇敢面对，巩固有效者，解决阻碍者。对于预料以及认知外的事，要敢于接受自己的无知、渺小、失误乃至错误。面对的最大挑战在于跨越对错纠结带来的自我消耗，承认无错但结果不理想的情况，允许犯错以改进提升，最终达成目标。这更强调内在的担当与勇气，具备这两者，达成目标只是时间积累问题。

在实践中，公关危机处理得当的案例都是直面问题、勇于担当的典范。相反，掩饰只会使问题复杂化，变得不可收拾。因此，不定义"好"与"坏"，悦纳所有事实，才能真正做到面对。

2. 臣服

臣服，是对目标达成的要求无体投地地服从，无条件地接受。在追求理想的道路上，臣服体现为对一切挑战的接纳，这源自内心的坚定与自信，是对自我及目标的忠诚。它要求我们诚实面对自己，同时保持谦卑，尊重自然法则。

真正臣服于目标者，内心淡定勇敢，无惧任何阻碍，展现出逢山开路、遇水搭桥的决心与自信。

臣服，是成事者对自我的态度，在实践中展现为坚定的自信。如韩信的胯下之辱，他臣服于自己的伟大理想，不为一时荣辱所动，最终成就伟业。这证明了臣服是内心的强大，而非向外力的屈服。

生活中，我们也要学会臣服。坚持对错而不愿臣服于目标的人，实则是缺乏目标与内心虚弱的人。记住，即便全对，丢了目标，又有何益？

90岁的老艺术家彭玉是为艺术、表演而生的。17岁的她，不顾父母的反对，成为一名话剧演员，最终取得了傲人的艺术成就。然而，在她53岁时，她的丈夫突然生病，生活不能自理，她毅然放弃了自己热爱的事业，回归家庭，全心全意地照顾丈夫。在家八年，她给了他无限的温暖和幸福，直到他安然离世。

61岁的她，放下了事业，却没了家。

然而，彭玉内心倔强，不愿就此消沉。她强振精神，走出家门，重返舞台，以欢歌驱散阴霾，以"妈妈"角色再度成名。后来，她又遇到了自己的缘分，终享幸福晚年。

彭玉一生坚定无悔，在面对困境时始终臣服于内心的目标，以坚韧与智慧书写出绚丽的人生篇章。

3. 迁善

迁善，即调整至有利于目标达成的状态，核心在于负责任。这要求个体灵活适应，根据实际情况调整策略，以无限负责的态度全力以赴。此负责非外在压力，而是自我要求，是目标达成的关键品质。它强调超越自我认知，与道相合，顺应自然与宇宙的规律。

何为善？《道德经》上说："上善若水，水善利万物而不争。"迁善非简单做好事，而是走出自我狭隘，如水般利万物而不争。水涤荡、滋润、包容，不论形态如何变化，皆遵循自然规律，不刻意表现温柔或无情。此"善"乃合道。

关于合道，《道德经》有云："人法地，地法天，天法道，道法自然。"其意指我们作为地球上的渺小生物，不应妄图掌控万物的生长规律，否则便是逆天而行，背离大道。不合道者，难以迁善，无法迅速调整至最佳状态。

迁善，实则超越人为善恶，追求与自然和谐共生的智慧。它要求我们顺应宇宙运行规律，如潮汐涨落、风雨变换，使万物得以自然生长。即便科技进步，让我们能够发电、航天、育种、预报天气，甚至探索人工智能，这些成就也不过是技术与规律的契合，而非人创造的奇迹。爆红、爆火的事物，终将如山洪海啸般短暂存在，随后归于平静，生命得以重新孕育。

迁善，是成事者对世界和规律的态度。面对问题和挑战，我们应该跳出自我局限，负责任地调整策略，寻找更有效的解决方案。这种迁善的态度，是持续学习和改进的动力，也是适应变化的重要能力。在迁善的过程中，我们得以实现与天地大道的相合，发现"无用之用，方为大用"的美妙。

或许有人觉得迁善抽象且高大上，难以在生活中感知和应用。然而，迁善实则蕴含于生活的细碎之中，只要我们用心去感受、去实践，便能发现它的力量。

在此分享我的一个学员的故事。

大年初三晚上，李华带着儿子小凯去表妹家玩。到了表妹家，大人们随手给了孩子们几个烟花。小凯点燃烟花后转起了圈圈，小乐也跟着模仿。然而，意外发生了——烟花的火花溅到了小乐的眼角，小乐顿时大哭起来。表妹闻声，赶紧抱起孩子检查。

小凯呆呆地站在原地，心里很难过。回到家后，李华对小凯说："你是哥哥，下次做事情要多想想，弟弟是因为模仿你才受伤的。"小凯觉得很委屈，也哭了起来。

李华见状没有继续批评孩子，而是踩了刹车开始反思：大人们都在聊天，没有足够关注孩子们，也没有提醒他们注意安全。她意识到，这起意外其实自己也有责任，自己的话可能让小凯觉得是在推诿责任，给他带来了压力。

于是，李华走过去，轻轻地抱着小凯，安慰他说："小乐没事了，我们都平安无事，这是最重要的。下次玩烟花，我们一定要特别小心。"事后，她再次向小凯道歉了。在他的眼神中，李华看到了传递给他的勇气和力量。

从人性的角度来看，自我保护是本能反应，无可厚非。但作为母亲，在教育孩子的过程中，如果希望孩子未来成为有担当、勇敢的男子汉，就需要更加注意自己的言行举止。李华在意识到自己的疏忽后，及时进行了调整和改进，这种面对问题、臣服现实并积极迁善的态度令人敬佩。

李华的行为展现了一位母亲在面对孩子意外时的自我觉察和迁善智慧。她用自己的行动教育孩子要勇敢、负责任，同时也在不断自省和觉察自己的言行对孩子的影响。这种生活小事的磨砺，比深奥的大道理更加精微，这种考验让她的精神境界更加熠熠生辉。

最后，我想说的是，现代社会诱惑多、压力大，很容易让人意乱情迷。当身边的人出现心理问题时，我们需要给予他们包容、理解和支持。亲朋好友要面对现实，思考他们遇到了什么困难，并耐心地陪伴他们渡过难关。此时，面对、臣服和迁善至关重要，而向上、向善甚至可以救命。

试想，若孩子患有心脏病，你会强求他劳作吗？多数家长表示不会，因为他们了解利害关系。然而，心理问题带来的痛苦同样严重，有些家长却依旧固守自以为是的标准，逃避现实，不给孩子休养的机会，期望他们坚强、自律。这是惯性思维，无知且缺乏逻辑。

家长需正视自身的问题：无法接受孩子不符合社会标准，感到丢脸、恐惧、无力，甚至一定想要有人为孩子的状况负责。真正的臣服，应以孩子的身心健康为首要目标，不断学习和改变，提升自己去帮助孩子，而非评判孩子，将其当作问题来处理。家长要顺应自家孩子的成长规律，帮助其走出低谷，实现生命的蜕变。

升级认知后，我们会如同照镜子般照见事实，包括自己的起心动念，无过度加工。臣服是包容、接纳和尊重实相，不与之对抗，无执念，不较劲，保持谦卑、独立。迁善是回归宇宙大道，顺应自然，负责任而不刻意，保持客观、中正。这是生命自由的基石，贯通人的三观。

PART 2 认知升级 —— 简单成事的底层逻辑

两个原则和三种态度共同构成了行动效能公式，让我们可以更接近目标、更快到达终点。这里可以用一个简单的数学公式来表示，即"2+3=5"。如此，既方便记忆，也能使学习和应用变得有趣。

如图2-23所示，其中：

"2"代表"向上之心强、相与之情厚"，即向上、向善，强调积极向上的心态与努力和在人际关系中的深情厚谊，这二者是对自己和对他人双向的挑战和激励，为行动提供了内在的动力和外在的支持。

"3"代表"面对、臣服、迁善"和与之相应的"勇敢"、"自信"与"负责任"，突显了面对问题的勇气，接受选择带来的全部，悦纳一切以及持续改善的圆融与坚韧的态度。这三种态度使行动更为灵活、坚实，并在面对挑战时减少无效的能量消耗。对于在认知升级的过程中的初学者而言，一下子在做事的过程中就体会到3种态度的作用是有挑战的，为了减少消耗，我们可以用前面学过的3件事替代。成为"2+3=5"做事的初级版本的应用公式。

行动效能公式

$$2+3=5$$

向上之心强	面对	我是谁
相与之情厚	臣服	我的目标
	迁善	我做了什么
		效果如何
		如何调整

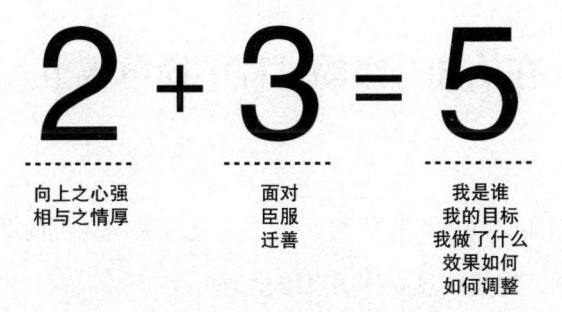

图2-23 行动效能公式

"2+3"是人做事的人文基础，它完善了人格的塑造，使人在行动时不至于陷入眼前的事务性纷扰，避免一叶障目使事物脱离了存在的根基，陷入为做而做的惯性中不能及时自省和觉察。它是人生征途中的守护者，是帮助我们升级打怪的护花使者和保护神。

这个公式的核心在于五问——五个关键问题，即"我是谁、我的目标是什么、我做了什么、效果如何、如何调整"。这五个问题为行动提供了明确的方向和反馈机制，帮助个体更加清晰地认知自己、设定目标、评估行动效果，并灵活调整策略，从而更迅速地达到终点，完成能力的培养和思维的成熟。

这个行动效能公式为个体和组织提供了全方位、系统性的指导，使其在解决问题和实现目标的过程中更为高效、有序地前行。

当然，成为一名高情商、高效能的成功人士并非一蹴而就，而是一场不断学习、持续进化的奇妙探险。这是一段关于情感智慧和行动力的探索之旅。在这一探险旅程中，行事准则如同一本智慧的航海图，告诉我们何时扬帆、何时停泊，如何穿越波涛汹涌的人生海洋，如何成为真正的强者，如何更有智慧地过好这一生。

全息思维：在认知升级的过程中简单成事

本章节我们所讲的系统性思维，其本质是从横向和纵向两个方面进行全方位思考问题，它是全息立体的思维模型。

所谓"横向"，通常是指不同身份角色的人在同一时间内达成目标的行动效果，由很多个思维单元组成。比如，我们一个12人组成的班级，要通过21天的直播课程完成学习和训练。从参与我们直播课每一个成员的小目标完成度来看，12个人都能认真学习并完成当天的学习小目标，那么我们这个课程当天的共同目标就达成了。每一个人的完成情况是12个人大目标的效果，有一个人没完成，当天的共同目标就不能达成。

所谓"纵向"，是指在不同时间内达成目标的效果，即从时间线的纵向视角来看，每天的小目标的达成情况是上一级目标21天全部课程总目标的效果。每一个空间的小目标和时间的小目标都达成了，大目标自然就达成了。如果有任何一个小目标没达成，都需要对效果进行补偿性行动去弥补，比如补课看回放，否则大的目标任务就无法顺利达成。若每个成员都能完成自己学习的小目标，将知识与作业梳理清晰，并熟练应用于实践，那么全班顺利毕业的大目标自然也就完成了。

人生的选择同样需要统一小目标与大目标，同时不能脱离人与组织、环境的全息、系统统一。

有一位智慧而温柔的母亲，她的女儿因作业繁多而熬夜。当女儿困倦却仍坚持完成抄写课文的作业时，母亲提议让女儿先休息，但女儿担心老师的严厉批评。母亲在了解了女儿已经会背课文后，便决定替女儿抄写，结果被老师发现，受到了批评。

母亲并未被眼前的作业等小目标所迷惑，而是站在女儿的角度理解她，为女儿的长远健康着想。虽然她的做法并不高明，但她与女儿之间的信任关系却因此变得更加牢固。女儿在知道母亲的行为被老师们拿来做反面教材时显得很坦然，相较之前的谨小慎微表现得比之前强大了很多。这充分证明了母亲带给女儿的安全感是坚实的，这与人生的大目标息息相关。然而，很多人却会被眼前的利益或所谓的目标结果所束缚，牺牲掉长远利益和价值。

只不过，在通向成功的过程中，不是简单叠加的集合关系，时间、空间等多维度的小目标和大目标的关系很考验人应对复杂性和不确定性的能力。很多人容易被自己的情绪绑架，不愿轻易悦纳他人的意见，甚至本能地做出对抗性的反应。这往往会造成他们忽略了本来的目标，在人生行进的轨道上出现极大的偏差。

以中学生为例，一些原本成绩优异的学生，在老师和家长的批评下变得叛逆，将学习目标转变为对抗师长，进而抗拒学习。然而，有智慧的学生能够区分个人情感与学习目标，即使不喜欢某位老师，也能学好所需知识。

创业者同样面临挑战。当遇到挑剔的客户时，一些创业者可能会因情绪冲动而偏离创业目标。明智的做法是将挑剔的客户转化为忠诚客户，因为活下去才是创业的根本目的。

在夫妻关系中，当感情破裂时，双方应理性对待，聚焦各自的人生目标，好聚好散。若一方已有新欢，希望尽快离婚，而另一方却因情绪作祟而拒绝离婚，试图以消耗对方为代价，这不仅忘记了结婚的初衷是追求幸福，也失去了自我。在无法挽回的感情中，我们应体面地追求自己的幸福，开启新生活，而非因小失大。

我们常常被情绪裹挟，以为自己有个性或有主见，实则陷入了认知的局限，轻易将生命的控制权交给他人。人的生命按钮理应掌握在自己手中，而非受他人随意触碰。这才是自由的生命。然而，遗憾的是在情绪的影响下，我们无论看似强悍还是软弱，高兴还是悲伤，都无法完全自主。这无疑是可悲的。

局限思考是人的本性，也是"系统性思考缺乏症"之一。而悦纳他人的意见正是打破这种"我以为"的局限性思考的关键。做事时一定要时刻记住自己的目标，不能只相信自己相信的，而要多听听他人的反馈，如此才可达到进一步似百步的高效能。

能在繁杂的条件、信息中抓住事物的本质，找到达成目标所需的要建、要素（即条件），并能把它们凑齐，事就成了。同时，在事物演进的过程中始终把握好要件、要素，这样做事，不仅效能高，更能长智慧。

所谓要件，是达成目标必需的条件。没有它，就不可能达成目标。所以，对于复杂的事，先要找要件，围绕着要件做事，就能达到事半功倍的效果。

要素通常可以分为必需要素和完美度要素。

必需要素是达成目标不可缺少的条件，这些条件不具备，目标还在，可以持续努力，甚至可以置换，例如项目资金，自有更好，没有可以借贷或与人合作等。要件和必需要素所需的全部条件都具备了，目标通常就能达成了。

完美度要素是与目标有关、与达成目标无关的条件因素。当目标达成时，它是目标达成的加分项；当目标未达成时，关注它会消耗资源和精力，甚至会本末倒置、贻误时机，做了无用功。它也就从目标达成的加分项演变成消耗目标达成又不易被觉察的黑洞了。

说到底，我们就是要训练好全息思维，如图2-24所示。这个图是一个系统的动态平衡的训练，不能过度放大任何一个元素和维度的作用。同样，既不绝对强调感性，也不绝对强调理性。人有多感性就有多理性，人的负面情绪能量值有多高，转化成的正面能量值就有多高。所以，全息思维系统模型的应用和训练是逻辑与平衡的训练。

举例来说，有人观察到与理工男性交流时，他们似乎反应平淡，而女性则显得更为感性，更容易情绪波动。然而，这并不意味着感性之人缺乏理性或"钢铁直男"就完全缺乏感性。事实上，若仔细观察，你会发现那些看似冷漠的理工男在特定情境下会爆发激烈的情感，令人震惊。他们的

全息思维

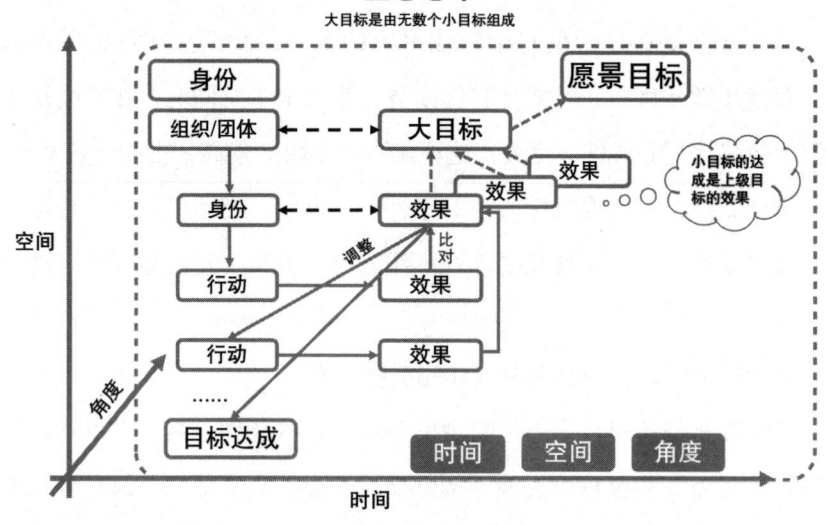

大目标是由无数个小目标组成

图2-24 全息思维模型

感性与理性同样强烈，只是缺乏系统性思维训练，难以在两者之间自如切换，从而导致情绪失控。同理，某些平时情绪化的女性在面对巨大挑战时，却能展现出惊人的冷静，这也是她们感性与理性并存的体现。但需注意，能量高并不等同于效能高；高能量仅意味着影响范围广泛，而高效能则要求有系统、理性的策略，以实现最佳决策与结果。

对此，我的一位学员W最有发言权。他是那种既有感性温度，也具备理性能力的人，却通过一段亲身经历深刻体会到一句话的真意：一个人赚不到认知以外的钱。这里的"钱"可以替换成你想要的任何结果。因为超出认知的东西，往往意味着你无法理解或接受——一旦遇到模糊、突发、不确定的情境，就容易产生负面反应，缺乏应变能力，也很难保持心态稳定。

要不是W分享了这段职场经历，很多人可能还在"隔岸观火"，没有真正意识到认知边界的限制。

因工作需要，W需要调岗。W希望换一个轻松点的岗位。领导随即提供了两个选择：一是可提早下班，但需频繁外出的业务部门；二是工作固定，但需严格遵守上下班时间的资料管理部门。

W向朋友求助调岗意见，朋友们各抒己见。在综合各方意见后，W最终选择了业务部门，希望借此机会能够经常外出。

然而，调岗后的工作并没能如他所愿。W不仅迅速被调至新部门，还遭遇了新任领导的严格管理。新部门需承担资金安全风险，且自己的到来还影响了同事的升职机会。这让W备受煎熬，自尊心和挫败感交织在一起。

随着情绪的累积，W开始感到身体不适，被诊断为幽闭恐惧症。他试图以此为由向大领导哭诉，希望能够离开新部门，结果却未能如愿。

事后，W深刻反思了自己的选择。他意识到自己对公司的宏观变化缺乏敏感度，且在做决策时过于依赖外部意见，而没有深入分析两个部门的职责和自己的能力。他还认识到，每个岗位都有其不易之处，不能仅凭表面现象判断。此外，W也意识到自己在职业发展上缺乏明确的目标和规划。

通过这次经历，W深刻体会到了提升认知水平的重要性。他认识到看似稳定的工作环境实则隐藏着各种不确定性和复杂性，只有拥有完整的思维系统和更高的认知水平，才能更好地应对这些挑战，平和从容地面对工作和生活中的各种变数。

通过这件事，W看到了让自己的认知不断升级的必要性，看似稳定的工作环境也暗藏着各种不确定性和复杂性。好坏都是自己定义的，拥有完整的思维系统和更高的认识水平，在认知升级的过程中不断提升，才能有更好的应变能力，才能平和从容地应对工作和生活中出现的各种不确定的情况，才有可能让结果变得更好。

全息思维的应用

全息思维适用于生活的方方面面，从个人到团体，我们都可以定下一个长期的愿景目标，并运用系统性思维从完成一个个小目标做起，有朝一日，你会发现，不经意间你已经达到了那个长期的愿景目标。

最后，我用一个表格来总结我们要如何应用全息思维，具体如表2-5所示：

表2-5 全息思维的应用

大目标的构建	分解为小目标	大目标的实现需要通过逐步迈进，将庞大的计划拆解成一系列可行的小目标。这些小目标如同拼图一般，共同构筑起完整的画面。全息思维要求我们不只是注重大局，更要细致入微地关注每一个微小的部分
	关联性与协同性	再远大的事，当下也要可执行。大目标的构建不能脱离时代背景、环境背景、行业发展趋势等宏观因素。小目标之间并非孤立存在，而是相互关联、相互协同的。全息思维意味着我们要能够看到这些目标之间的联系，以及它们如何共同促进大目标的实现。这种综合性的思考方式是全局观的体现。找到要件、要素，深入分析
认知升级的全息思维	多维度思考	在认知升级的过程中，全息思维要求我们不仅仅要关注广度，更要注重深度。我们需要从不同的维度去思考问题，以更为全面的方式去理解世界
	整体把握	全息思维强调对整体的把握。在认知升级的过程中，我们不能只看到零散的知识点，更要能够将它们整合成一个完整的认知框架。这就是全息思维的核心，能够将各种信息融合成一个整体，应对过程中的不确定性
简单成事的路径	集中精力	全息思维引导我们集中精力，不被琐碎的细节分散。通过关注核心目标，我们能够更加专注、高效地达成小目标，从而推进大目标的实现。警惕完美度要素的消耗
	调整策略	全息思维赋予我们调整策略的能力。在面对挑战或困难时，我们能够迅速反思并调整行动方向，使得整个过程更为顺畅

有全息思维和没有全息思维的差别在于当下的选择有时也会有出入甚至反差，这取决于选择时自己的身份角色是小我还是大我。有时，小我和

大我表现出一致性，有时却表现得不一致，本质是眼前的行动与大目标比对时，大目标的身份角色在小我和大我时所匹配的效果不同。

例如：林觉民在《与妻书》中写道："吾今以此书与汝永别矣，吾作此书，泪珠与笔墨齐下，不能竟书而欲搁笔。吾至爱汝，即此爱汝一念，使吾勇于就死也。吾自遇汝以来，常愿天下有情人都成眷属；然遍地腥膻，满街狼犬，称心快意，几家能够？……"**我爱你至深使我有勇气为天下有情人过得好而去赴死，舍生取义，不能再和你一起含泪诀别……**

再例如：企业家宗庆后不开除45岁以上的员工，在老厂房地价飙升的情况下，不做稳赚不赔的房地产，却坚持跑几年的手续也要为职工盖职工宿舍。这些单纯用企业盈利、利益最大化的绩效思维是无法解释的，也不合乎功利性的商业逻辑，只有放到办企业的初心，才能将眼前利益与长远价值解释通。这也是他获得崇高尊重的原因。

他们的生命之旅就是创造生命奇迹的征途。能做到，你可以从他们一点一滴的为人处世中看到"2+3=5"，其人生的底色是面对、臣服、迁善这3种态度的尽情挥洒。

而每一次认知的升级都是心灵的一次巨大飞跃，如同夜空中的流星划过。在这个过程中，全息思维为我们打开了认知的新天地，让我们能够以更为清晰而高效的方式简单成事，知道并做到。

简单练习，成事在望

事件	身份	目标	行动	效果	调整

说明：

结合自身情况，用具体明确的事件，练习把事情拆解，并结合五问进行分析。

PART 3
知道做到
——成功有方法但没有捷径

世界上最遥远的距离，并非马里亚纳海沟的深邃与珠穆朗玛峰的峻峭，而是从明了真理到践行实践的那一刹的间隔。人生最大的悲哀，不在于知晓的匮乏，而在于知晓与行动之间的那道无形鸿沟。

你曾在思绪中探索过深邃的哲理，你曾用言语表达过震撼人心的见解，你曾被某些事物深深触动，感动至深。你以为，只要你曾说过那些感动人心的话，就等同于你已经将它们变为现实。

然而，多数情况下，这只不过是一种自我欺骗。成功的道路充满了曲折和险阻，每一步都需要我们去体验、去感悟。就像学习骑自行车一样，光有理论知识是远远不够的，必须亲自上车、感受内心的忐忑，在摇摆中找平衡，摔倒了再带着恐惧再站起来，通过不断带着恐惧的尝试和调整，才能真正掌握骑行的技能。知道如何骑行只是开始，真正学会则需要不断实践。

可以说，成功有方法，但是没有捷径。如果非要说一个捷径，那就是实践。只有通过不断实践，我们才能真正地掌握成功的奥秘，走出一条属于自己的成功之路。

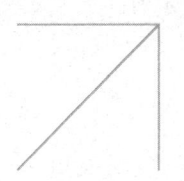

降低阻力：行动前的热身准备

在本书的开篇，我们思考过这样一个问题：榜样、故事、经验那么多，为什么我们依然总是知道却做不到（如图3-1所示）？

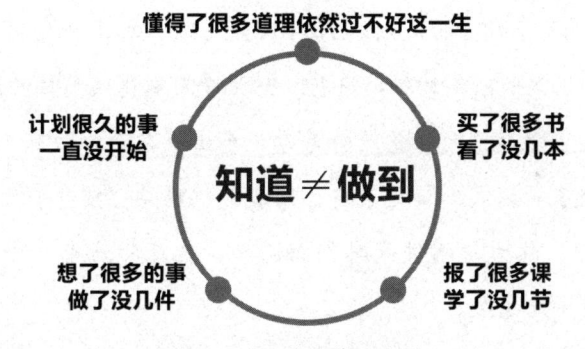

图3-1 知道不等于做到

我们分析了几种可能的情形并得出，髓鞘化的思维状态可能让我们更加倾向于惯性思维。不仅如此，我们在讲认知铁三角时讲到，思维影响行为，行为带来体验，体验再影响思维。从行为上讲，知道并不等于做到。如果行为上始终没有发生，没有改变，反而更容易使我们陷入焦虑之中。

如何才能打破这个看似不可能被打破的循环？**最根本的一点，就是要强化我们的"导航"，重在突破，不要被"有效"限制住。强化"导航"，目的是突破"认知铁三角"对行动的阻力。**

20世纪90年代初，很多人希望自己能在城里找到一条谋生之路。大柱也是带着这样的期望找到了他的同学小刘。

尽管小刘感到有些力不从心，但他还是热情地款待了大柱。两人围坐在饭桌旁，一边喝酒，一边聊天。小刘安慰大柱说："别着急，先在北京安顿下来。这里机会多，只要你肯努力，一定能找到出路。"说着，他瞥见了地上的啤酒瓶，随口开玩笑道："就算捡酒瓶子，也能发财呢！"没想到，大柱竟然当真了，提议一起去捡酒瓶子。小刘虽然觉得这个主意不太靠谱，但还是答应先了解一下情况。

然而，小刘经过一番调查发现，废品回收并非想象中那么简单，废品站也不是随便就能办起来的。面对这些现实问题，他陷入了沉思，计划也迟迟未能成形。半个月过去了，大柱急不可耐，提议先干起来再说。但小刘坚持认为，没有周密的计划，行动只会失败。加上他还有本职工作要做，计划和调研只能断断续续地进行，始终没有取得实质性的进展。

然而，大半年后，大柱竟然骑着摩托车出现在小刘面前。原来，他已经通过捡酒瓶子等方式，搞起了自己的废品收购站，摇身一变，成了小老板。他的见识、魄力与刚进城时判若两人。他还特地感谢小刘当初的提点，并邀请他一起吃饭。

如果大柱没有回来感谢小刘，小刘可能不会知道在自己还在"缜密计划"时，大柱已经勇敢地踏上了征程。小刘意识到，自己虽然有很多想法，但缺乏实际行动的勇气和经验。大柱的成功告诉他，思虑再周全也不如实实在在地去行动，在行动中不断完善和改进。有时候，正是那些看似不起眼的尝试和摸索，才能成就一番事业。

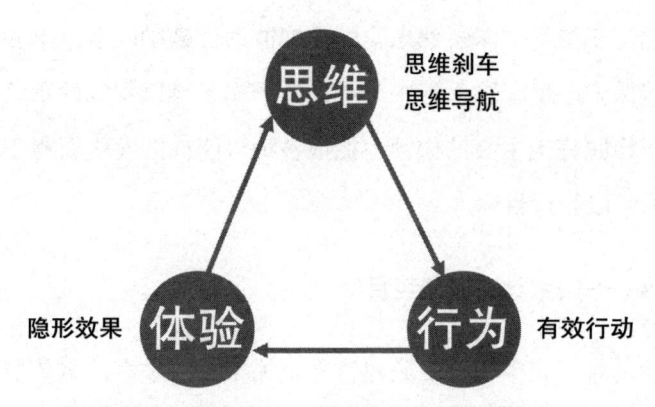

图3-2 思维影响行为，行为带来体验，体验再影响思维

热身——开启行动的序曲

热身，是为有效行动所作的精神准备和心理建设，是一个仪式，是个体与目标之间的默契约定。在这个特殊的时刻，我们给自己一份特殊的礼物，是对成功的期许与锁定。

在热身之际，我们宛若晨曦微露中的花蕾，悄然展露生机，历经那温柔绽放的瞬间。体验、思维与行为，三者宛如和谐交织的三重奏，激荡着我们的心灵，奏响一曲激昂向前的乐章。

1. 思维——放下控制，拥抱可能

在思维层面，我们需要学会放下对行动标准和结果的过度执着，放弃完美主义情结，允许各种可能性的发生，带着问题达成目标。做事时，尤其是面对新事物，我们的惯性思维第一反应是"问题"阻力，我们误以为是考虑周全，其实是对未知恐惧的本能反应。但这种"问题"未必真会阻碍目标达成，也不一定是达成目标必需的条件。

行动之路并非总有明确的结果，也不会总有一条完美无瑕的路径。我

们的文化倾向于推崇"深思熟虑"而贬抑冲动，鼓励随众以求和谐，却对特立独行持保留态度，这无形中为行动者增添了难以察觉的重负。所以，我们要勇于挣脱完美主义的枷锁，拥抱各种可能性的发生，勇于携问题同行，步步为营以趋近目标。

2. 行为——集中精力，聚焦目标

在行动之时，集中精力、聚焦目标至关重要。过多的欲望与期望可能使我们偏离目标，忘记初心。因此，将注意力集中于当前最为关键的任务上，要学会敏锐地察觉并有效排除情绪的波动、情感的纠葛以及外界的反对声音，并坚信任何偏差都能在行动中得到纠正。保持冷静理智，将时间与精力精准地投入到核心要点上，以此来提升工作效率。此外，应积极采用鼓舞人心的言行，激发内心深处的动力，驱动自己持续向前迈进。

3. 体验——轻装上阵，享受过程

每当面对新事物或开启一段新的旅程时，内心的激动、忐忑与焦虑可能也会如影随形，但它们实则是成长路上不可或缺的伙伴。选择以轻松的心态接纳它们，勇敢地拥抱未知与潜在的错误，是人做成事、成就事业的基本修为。不必逃避这些自然的情感反应，体验中蕴含着丰富的情绪情感，积极的情绪能够激发我们的动力，而消极的情绪则可能阻碍我们的行动。秉持"轻装上阵"的原则，无论积极还是消极，带着它们开启新旅程，坚信这些新体验将铸就我们的坚韧与毅力。在做事时，我们可以运用向上、向善的言行，调动和利用情绪情感，使自己和他人都保持在饱满、积极的状态中，这是一种极为有效的方法。

人非圣贤，孰能无过？接纳对犯错的忧虑，并致力于减轻它带来的恐惧，这是行动前减少心理障碍的关键所在。在追求成功的道路上，错误与正确并非水火不容，而是相辅相成、共同推动我们前进。从错误中提炼的教训，探索出的更优方法，都是我们成长路上的无价之宝。

清晰目标：建立一个向往的目的地

没有对目标的执着追求，面对人生中的挑战时，我们的认知框架往往会表现出排斥反应。此时，惯性思维会悄然将我们拉回熟悉的旧有模式，导致我们虽然表面上在尝试新事物，实质上却只是在重复相同的行为，未能实现真正的成长。这种经历或许增加了我们人生体验的广度，但在同一认知层面上徘徊，我们的思维深度并未得到真正的提升。

更糟糕的是，我们可能会陷入一种由思维构建的美好幻觉中，无法看清现实。就像浮萍一样，我们随波逐流，虽然历经风景万千，却始终在有限的范围内徘徊，未能领略到真正的波澜壮阔。四季变换、风雨雷电或许让我们产生了"历经沧桑，归来仍是少年"的错觉，但实际上，真正的湍急和滂沱，我们从未经历过。这种自我感觉良好的状态，其实是一种无意识的逃避挑战和自我欺骗，是一个需要我们深刻警惕的思维陷阱。

热身之后，确立清晰目标是关键。它如同灯塔，指引方向，助力攀越认知障碍。明确目标能引领我们克服挑战，突破认知局限，实现人生升华，赋予行动以深远意义。

明确的目标还能使我们更加聚焦，帮助我们排除诱惑和干扰，为我们的行动提供了源源不断的动力，构成了我们必须突破重重困难的理由。真正的行动力并非源自外部的压力，而是心灵深处对向往和梦想的追求所点燃的内在火花——内驱力。

让行动力由内而发——行动力源于内驱力

内驱力指的是个体内在产生、推动行为的力量和动机。与外部的奖惩系统、社会期望等因素有所区别。它是源自个体内部的动力，是个体自身对于目标、成就、满足感等内在需求的一种自主驱动力。

内驱力源于身份定位，通常与个体的价值感、兴趣、热情、自我激励等紧密相关。当个体对某个目标或活动感兴趣，认为这与自己的价值观、兴趣爱好相契合时，就会激发内驱力。这种动力使得个体更加自发地、积极地投入到所做的事情中。

多年前，在海边的一个小村庄，生活着一位少年。他的父亲是一位渔民，或许因为常年与大海相伴，对生活的态度格外豁达，从未对少年施加过多压力。在大自然的熏陶下，少年对画画产生了浓厚的兴趣。没有纸笔，他就在沙滩上尽情挥洒；上学时，画黑板报成了他最快乐的时光。

初中毕业后，少年考上了县城职业学校的美术专业。在这里，他得知中国美院是中国顶尖的艺术学府，画画在这里被称为"艺术"。于是，他下定决心要考入中国美院，去追求自己的艺术梦想。他向同学们宣告："以后你们去杭州，记得到中国美院找我玩。"然而，这一梦想在当时看似遥不可及，老师和同学们都认为他在异想天开，甚至有人嘲笑他不自量力。毕竟，在那个年代，他们的老师和同学大多未曾踏出过县城，一个职业学校的学生想要考上中国美院，难度可想而知。

然而，少年的父亲却给予了他坚定的支持。他告诉少年："你去考吧，给你五年时间。"有了父亲的支持，少年更加坚定了自己的决心。

为了追求自己热爱的美术，少年付出了巨大的努力，他的画技日益精进。但县城职业学校的文化课成绩却成了他考入中国美院的绊脚石。为了解决这个问题，他决定转学去县里的重点高中就读。面对老师的质疑和拒绝，他并没有放弃，而是带着自己的画作勇敢地找到了教育局局长。他的志气和勇气最终打动了局长，局长答应帮他协调转学事宜。

转学后，少年在第一年的高考中虽然顺利通过了专业课，但文化成绩仍旧不太理想。其他师范类大学向他抛出了橄榄枝，但他并没有因此而动摇。在接下来的一年里，他更加努力地补习文化课，最终顺利地考上了中国美院，实现了自己人生的一大跨越。

他的故事告诉我们，只要有坚定的信念和不懈的努力，不怕牺牲眼前的利益，即使梦想再遥远，也总有实现的一天。

如今，很多家长信奉"人生规划在童年"，基于现实或长远利益的考量，为孩子设计了教育和成才的所谓"最优路径"，却忽视了生命的丰盈源于丰富的人生体验，而人生体验的主角是"孩子"。孩子在成长过程中被限制、被定义得太多，没有获得发自内心的幸福、快乐，即使他达成了目标，其外表的光鲜也无法掩盖内心的灰暗。所以，我们很难在这些孩子眼中看到光。而逐梦少年完全受热爱驱动，会为理想创造各种努力，根本不存在任何与名利相关的念头。面对那些在常人看来不可逾越的困难时，他们没有感到痛苦，也没有畏缩，而是通过发自内心的热爱展现自己超人的勇气和魄力，最终让梦想成真。

如果我们将通向目标的道路比喻成一次旅程，那么内驱力的激活可以分为出发地、旅途中、目的地三个阶段，如图3-3所示：

让行动力由内而发

出发地
为自己而做
更有动力

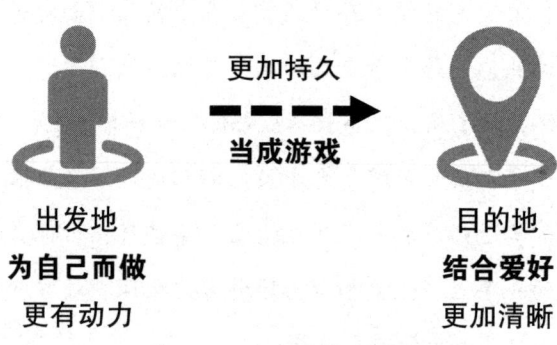

更加持久
当成游戏

目的地
结合爱好
更加清晰

图 3-3 让行动力由内而发

1. 出发地：为自己而做——你是你幸福生活的创造者

在前文中我们已探讨过，身份定位是行动的起点，也是成事的基点。从"我是谁"出发，才能看清"我要去哪儿"。而当我们真正踏上实现目标的旅程时，激活内在驱动力的第一步，便是回到这一"出发地"——看清内心的动机与渴望。

人生中的每一个身份与角色，皆源自我们自主的抉择。就像任何一次旅行都必须明确出发地与目的地，人生的每一个改变，也都起于"内在需求"的推动。本质上，真正持久的动力来自"为自己而做"（如图3-4所示），而非迎合外界的期待。只有当我们清晰地意识到"我真正想要怎样的生活？"这一问题的深思，将引领我们触及内心最真挚的愿望，而激活内在驱动力的起点，恰恰在于对这一问题的真实回答。

应对做事恐惧的有效方式就是行动起来。 把想恐惧变成带着恐惧行动，体验恐惧能增强安全意识，规避风险。周密计划会使自己感觉未来更可控，也能降低恐惧感。

为自己而做
你是你幸福生活的创造者

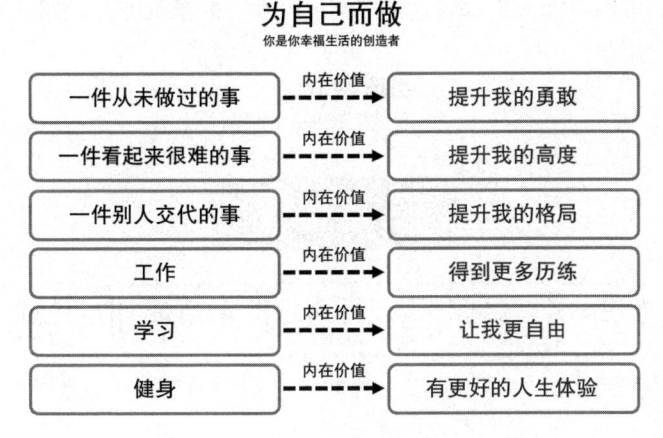

事项	内在价值
一件从未做过的事	提升我的勇敢
一件看起来很难的事	提升我的高度
一件别人交代的事	提升我的格局
工作	得到更多历练
学习	让我更自由
健身	有更好的人生体验

图3-4 为自己而做

这时候，我们需要权衡事情的重要性和紧急性，并依据它们组合的四个象限寻找处理问题的依据。明确事情的轻重缓急，逐步消除不重要却紧急的事情对自己的消耗，我们可以更有针对性地制订行动计划，把重要紧急的事情规划为重要不紧急的事情。

面对创新的挑战，我们常常会忽略一个基本的常识和逻辑问题：我们无法凭空想象出一个绝无可能的事。如果它是"我不知道我不知道"的事，那么它对我们来说是毫无意义的，也不会出现在我们的思维视野中。一旦它成为"我知道我不知道"的事，它就已经进入了我们的思维视野，这意味着我们已经意识到了目标的存在。即使目标再遥远、再困难，我们也可以通过努力找到探索的路径。

2. 旅途中：继续升级打怪——设定角色目标并展开有效行动

沿用前面的"人生就是升级打怪"理论，我们可以直接展开来阐述一下游戏的精神和态度。

在人生旅途中，将工作或追求目标视为一场游戏，注入一种轻松愉悦的态度，这会让我们的整个过程更具启发性和趣味性。将这个理念进一步展开，我们可以更深入地探讨这种"当成游戏"的思维方式，如图3-5所示：

当成游戏
不怕"输"的乐趣

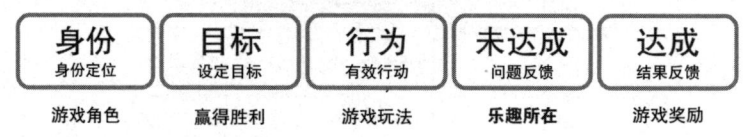

身份	目标	行为	未达成	达成
身份定位	设定目标	有效行动	问题反馈	结果反馈
游戏角色	赢得胜利	游戏玩法	乐趣所在	游戏奖励

图3-5 当成游戏，享受不怕输的乐趣

首先，让我们关注身份定位，将自己置于游戏中的角色。这种角色扮演不仅为我们提供了一种有趣的身份认同，同时也让我们能够以更积极的心态去面对挑战。通过将自己看作是这场游戏中的主角，我们会发现自己更愿意接受任务和解决问题，因为这不再是单纯的义务，而是成就角色使命的一部分。

设定目标就如同游戏中设定要达到的段位，这个目标需要具体明确，有挑战性，并能够激发我们的斗志。这样一来，我们会更专注于追求这个目标，就如同游戏中渴望赢得比赛一样，使我们能够更有动力，更有目标感地前行。

有效行动是这场"游戏"中的关键。就像在游戏中选择合适的策略和操作，我们在工作中也需要制订出切实可行的计划和行动步骤。这种行动方式不仅高效，还更有趣味性，因为我们会意识到每一个步骤都是向着游戏胜利迈进的关键。

在游戏中，我们可能会遇到关卡难度升级，需要不断调整策略。同样，未能达成目标时，我们可以将其看作是提升能力、学习经验的过程。这种思维方式使我们更愿意接受挑战，从中发现乐趣所在。

达成目标则是一种游戏奖励。这个奖励不仅仅是实现目标本身，更是对我们努力付出的认可肯定。这种结果反馈激发了内在的满足感和成就感，为下一轮"游戏"注入了更多动力。

总体而言，将工作或追求目标看作一场游戏，不仅会让整个过程变得更加有趣，同时也激发了我们内在的动力和积极性。

3. 目的地：乐在其中——保持内心热情与目标一致

正如孔子在《雍也》中所说："知之者不如好之者，好之者不如乐之者。"这句话强调了对于学习和工作，真正享受其中的人才能够更为出色地完成任务。

尤其在当今这个多元化评价的时代，优秀的定义已不再局限于知识积累与学业成绩，而是更多地聚焦于个体的兴趣、独特才能与综合能力。一个有兴趣爱好、有生命的热爱的人是幸福的，能将这种爱好和热爱作为职业，将工作与兴趣相结合，是人生的幸运，如图3-6所示：

结合爱好
沉浸在乐趣之中

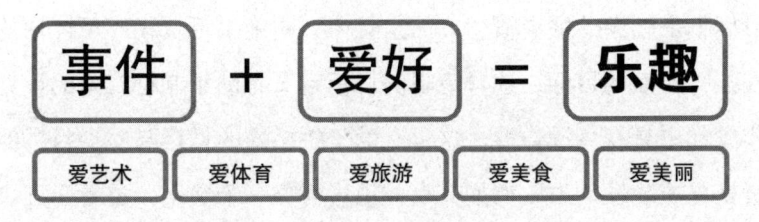

事件 ＋ 爱好 ＝ 乐趣

| 爱艺术 | 爱体育 | 爱旅游 | 爱美食 | 爱美丽 |

图3-6　结合爱好，沉浸在乐趣之中

将做事与个人爱好巧妙融合，正如孩童对绘画的痴迷、对体育的热爱及沉浸于游戏中的乐趣一般，这种结合极大地增添了生活的趣味，并在无形中培育了浓厚的兴趣与持久的专注力。面对任务执行中的挑战与磨砺，那些内驱力强的人往往展现出更多的韧性与耐力，他们享受克服困难、享受在游戏中升级打怪的过程。

身份定位的价值意义与目标是一体的关系，清晰目标的根本是不需要外部的刺激，找到自己的热爱并以此为职业是人生最大的幸福。

这时，热爱的职业不再仅仅是谋生的手段，而是化作对事业的全情投入和满腔热忱。当个体沉浸于真正热爱的领域时，工作不再是单调的任务，而是一场充满挑战和乐趣的冒险。这种对工作的投入可以带来更高的工作满意度，让每一天都变得更有意义。同时，热爱驱动个人成长，通过主动学习与实践，深化技能知识，为职业生涯打下坚实的基础。更进一步，热爱让工作成为生活意义的生动体现，给人们带来一种深刻的满足感。

无论目标多伟大，当下都要可执行

正所谓："合抱之木，生于毫末；九层之台，起于累土；千里之行，始于足下。"目标再伟大，也要确保在当下是可执行的。

以下五点是具体的思考与建议，可供大家参考。

1. 具体、明确、可量化、可评估的目标

目标不是模糊的抽象概念，而是具体、明确、可量化、可评估的。尤其是在执行层面的目标，这种清晰的目标定义有助于制订有效的计划，使每个步骤都更具有可操作性。这也有助于将枯燥的目标与实现目标的美好体验置换更能激发动力。例如：完成销售任务等于奖金，更等于五星级酒店的大餐或者欧洲游，用增强想象实现后的美好的体验感带来的动力强化目标执行。

2. 任何远大的目标当下都可执行（拆分目标）

我们可以将宏伟的目标拆分成小步骤，使之在当下变得简单可行。通

过分解目标，可以更好地集中精力，逐步实现各个小目标，从而推动整体目标的实现。细小的行为和目标使行动执行变得容易、可控，方便评估，降低对行动不适体验的抗拒，提升安全感。

3. 理想、目标如果不能落地就是消耗或者妄想，是伪目标，背后隐藏着自我欺骗

仅有对理想和目标的追求而不能将其具体化并付诸实践，只会浪费时间和精力。真正的目标是必然达成的，需要在现实中落地的。否则，我们可能会陷入一种错觉，误以为自己已经理解并实现了目标，实则只是在自我欺骗的循环中徘徊。

4. 有人与生俱来就知道自己的使命，有人在实践中不断修正着自己的目标，这两种方式并不冲突

每个人在生命中的不同阶段可能会有不同的使命和目标。极少数人天生就能清晰地知道自己的方向，而有些人则在实践中通过不断修正目标才找到自己的真正使命。只要在过程中坚持践行和觉察，这两者并不矛盾。只要我们坚持内外兼修，人生没有白走的路。

以我的学员小起子为例，他大学毕业后学习具象法则，勇敢闯荡上海。从金融公司到保险行业，再到传统文化公司，他不断尝试与调整，虽历经波折，但每一步都坚定地向自我价值探索迈进。在追求热爱的过程中，他不仅提升了内在品质和生存能力，追随内心的声音去选择感悟生活的意义。

小起子的经历证明，将热爱融入职业，是一种实现真正幸福和充实人生的重要途径。

5. 实现远大理想所需的综合能力，虽然积累的途径各异，但最终都指向同一目标

远大理想的实现需要综合能力，这些能力可以用铁杵磨成针的精神一门深入，也可以通过不同的途径和积累过程获得。不同的人可能会选择不同的路径，但在追求卓越的过程中，他们终将汇聚于成功与成就的交汇点。

黄大夫的故事就是一个很好的例子。

黄大夫出身浙江农村，怀揣着医者梦，矢志为乡亲治病。他曾通过自己的努力，考入了浙江中医药大学针灸推拿专业。大学期间，他刻苦钻研中西医理论与实践。毕业后，他放弃了省城的机会，毅然回乡，成为象山县中医院的一名中医针灸医生。

为提升医术，黄大夫先后赴北京、上海等地进修。面对留京建议，他坚守初心，认为治病救人无地域之分，毅然返回家乡。渐渐地，他成为名医，诊室总是人满为患。他每天都是早早就到医院，只为多看几个病人。后来，他荣获了省劳模称号，还创立了劳模工作室。即便后来升任医院领导，他仍不忘初心，坚持出诊，为患者提供专业且细致的服务。

在人生的关键抉择面前，黄大夫未曾被名利所惑，始终坚守着医者的理想和初心。正因这份坚持，他在二十余年行医过程中，全心全意地致力于治病救人和医术钻研。他如同一部行走的《大医精诚》，向身边的每一个人展示着"医者仁心，大爱无疆"。

2025年"五一"国际劳动节前夕，黄大夫被授予"全国先进工作者"荣誉称号。面对自己的成就，黄大夫总是笑着说："我只不过每天都在践行我在毕业时立下的那个目标，开心地做着我热爱的工作罢了。治病救人给我带来了极大的满足，很多病人说看到我就安心，我也是把他们当作亲人，心里有他们。只有治愈他们，我才会真正感到开心、放心。"

其实，无论是成功的佼佼者还是普通人，每个人都有机会通过积极的思维方式，确立清晰的目标，排除物化的外在纷扰和干扰，直抵梦想的彼岸，按自己的意愿过自己想要的人生。

明确行动：每天都能做到"心中有数"

设定目标后，下一步是将目标具体化，就如同思考如何吃掉一个大西瓜。我们可以将这个"具象"的过程分为以下几个步骤，如图3-7所示：

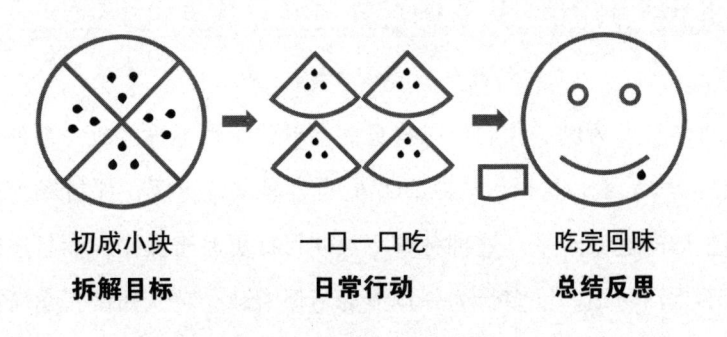

切成小块	一口一口吃	吃完回味
拆解目标	**日常行动**	**总结反思**

图3-7 将目标"具象化"

把握三个关键阶段，始终做到"心中有数"

1. 拆解目标——拆分成小目标，分时、分步完成

首先，我们需要将目标拆解成小目标，这是实现大目标的关键一步

（如图3-8所示）。就如同思考如何吃掉一个大西瓜，我们需要将其切成小块。拆解目标的过程使整个任务看起来更加可管理，避免了目标的复杂性和不确定性给我们带来的压力。通过分时、分步完成小目标，我们不仅能够更容易量化进度，而且能够在每个小目标的完成中获得一定的成就感，放大做事的舒适感和愉悦感，激发内在动力。

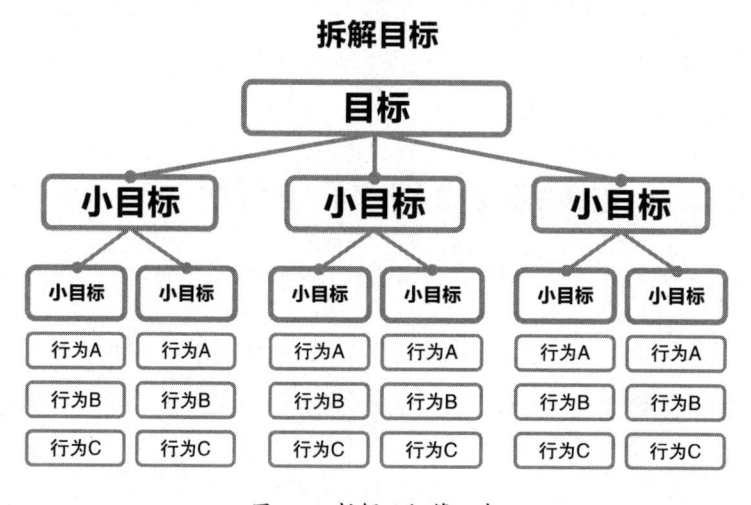

拆解目标

图3-8 拆解目标第一步

以身体塑形为例。我们可以将身体塑形这个目标拆解成一系列小目标（如图3-9所示），这样可以帮助我们更容易跟踪进度，保持动力，并逐步提升整体的健康水平。这种分解不仅使目标更易于操作，而且还能培养更健康的生活习惯。许多行为一旦成为习惯，就会被认知铁三角所接纳，愉悦的体验也将成为生活的常态。

拆解目标

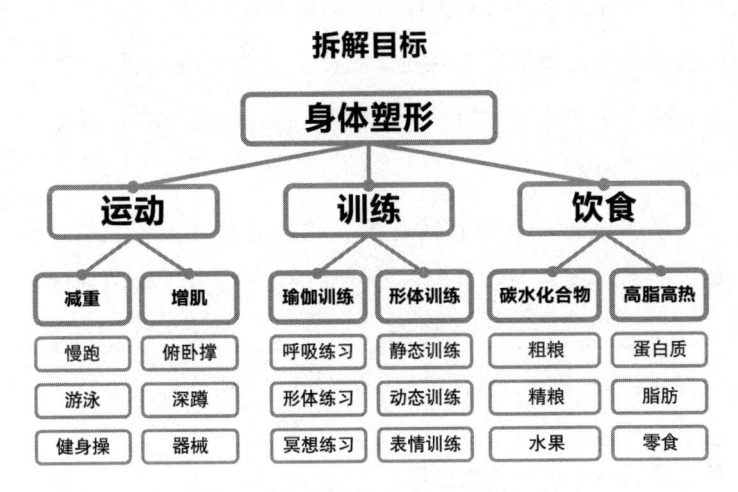

```
                        身体塑形
           ┌───────────────┼───────────────┐
          运动            训练            饮食
        ┌───┬───┐      ┌───┬───┐      ┌───┬───┐
       减重  增肌    瑜伽训练 形体训练  碳水化合物 高脂高热
       慢跑 俯卧撑   呼吸练习 静态训练    粗粮    蛋白质
       游泳  深蹲    形体练习 动态训练    精粮     脂肪
      健身操 器械    冥想练习 表情训练    水果     零食
```

图3-9 拆解目标第二步

2. 日常行动——稳步迈进，日积月累

在实现任何目标的过程中，将抽象的愿望转化为具体明确的行动并持续稳定地执行是实现目标的关键步骤。这一阶段是目标实现的实际执行阶段，要求我们将拆解出来的小目标转化为具体可行的日常行动。这个过程犹如吃西瓜一样，需要一口一口地咬，每一口西瓜都代表着你在实现小目标上取得的进步，而整个西瓜则代表着你的终极目标。这种分步推进的方法，不仅为整个过程增添了节奏感，也使复杂的目标变得更加易于掌控。

同时，在实现目标的过程中，如何执行与应变是相应的考验，也是提升的契机。保持集中精力和觉察调整是灵活性和自我提升的关键。

集中精力：在日常的每一项活动中，将注意力聚焦于当前的任务是至关重要的。正如细细品味每一口西瓜，沉浸于那清甜多汁的滋味中，这样的专注能显著提升我们的效率。

觉察调整：每天结束时，通过对自己的行动和进展与目标达成进行比对与觉察，能更好地了解自己的状态，不断提醒自己以终为始，不忘初心。这种觉察使你能够及时调整计划，以更好地适应变化和挑战。

心理因素会影响身体感受和身体反应，这些反应或明显或细微都为我们的觉察提供了契机，引发我们深度思考自己和目标的关系，动力在哪里，阻碍如何产生。

通过一步步的行动，每日的积累，我们能够逐渐逼近并实现整个目标。这种坚持和持续努力的过程不仅让我们在每天的行动中始终做到"心中有数"，不被"我以为"所欺骗，而且为成功的实现奠定了坚实的基础，使我们更有信心面对目标的挑战和变化，清晰前行。

3. 总结反思——找到根本原因

在总结与反思的阶段，我们不仅要研究问题的表面，还要深入挖掘问题背后的根本原因，即追溯导致原因的本质因素。

总结反思的阶段主要有以下几个，如图3-10所示：

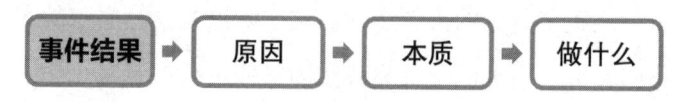

事件结果 ➡ **原因** ➡ **本质** ➡ **做什么**

图3-10　总结反思的阶段

具体的总结反思过程可以包括以下几个步骤，如表3-1所示：

表3-1　总结反思的几个步骤

回顾目标达成的历程	分析每个小目标的完成情况以及整体目标的实现过程
	着眼于成功需要的条件，同时识别和记录遇到的挑战
挖掘问题背后的原因	对于未完成的小目标或遇到的困难，深入挖掘问题的原因
	不满足于表面，追问为什么，找到问题的深层次及本质原因
分析成功和失败的因素，找到支撑分析的素材	思考成功的原因，是哪些行为或策略产生了积极的效果
	分析未成功的因素，找到哪些方面需要调整或改进

续表

提升自我认知	总结反思不仅是对行为的评估，更是对自我认知的提升。哪些地方用到思维刹车，哪些地方思维导航出离惯性思维
	了解自己在目标实现过程中的表现，包括优点和不足。尤其是触发自己情绪情感的点是什么，找到问题本质的通道
制订未来的改进计划	基于总结反思的结果，制订具体的改进计划
	确定下一步的行动，以更好地应对未来的挑战

没有白走的路——即使"走错"也比"原地踏步"有收获

人们常说，人生没有白走的路，每一步都算数。这一句话强调了做事的体验的独特性和在总结反思中看到问题、面对挑战的价值。即使我们发现自己在某些方面走错了路，是对目标的校正，这也是一种宝贵的经验，为认识自己提供了素材。具体如图3-11所示：

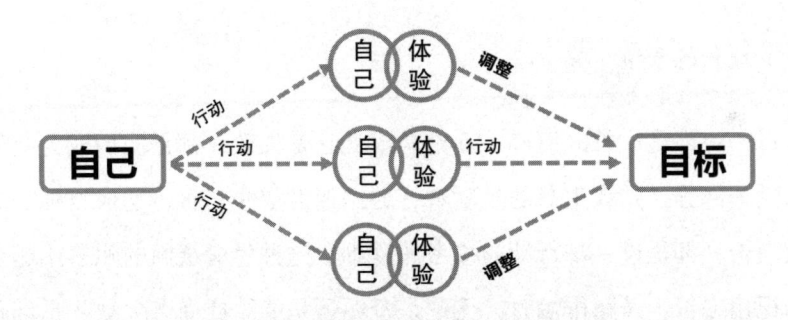

图3-11 达成目标的过程构成了人生的体验

每个人都是独特的，人生的每一步又都是独一无二的经历，每一个达成目标的过程都在构建着我们的成长和人生故事。即使有时候我们可能感觉某些经历是"走错"的，"走错"的现象背后还有独特的体验。这些体验都是我们独特的财富，都在为我们的人生图谱增添着不同的颜色和层次，这些才是生命的本质。只要坚持走在自我探索的路上，你会发现，一切都在为某个目标使命储备，全部经历和经验都有用。

1. 经验积累

每一次独特的人生体验都是一次积累经验的机会，都能教会我们一些新的东西。无论是关于自己还是关于世界，把体验转化为经验少不了对事件的深度思考，都为重构认知铁三角提供了新素材。

2. 人生建设

每一步都是在构建我们的人生建筑，我们的选择、决定和经历都在为未来的自己奠定基础。自己的思维与要做的事情的规律是否相向而行，是否符合目标达成需要的条件。坚持以目标为导向的做事习惯，避免为做而做，那么，那些为看似没有关系的目标所付出的行动，都将如拼图一样合理地衔接在一起，成为人生进步的基石。

3. 成长的痕迹

每一步都是成长的痕迹，不论是成功还是失败，都是我们成为更好的自己的一部分。站在生命的角度看，通关速度快慢与否，达成目标的方法有效与否，都是进一步行动的参考和基础。这种生命层面的积累用超越时空的视角去看，踌躇徘徊时，无论是资源还是能力或尚有欠缺，是储备、提升的机会；春风得意时，恰恰是使用能力、消耗资源时，我们可以更加聚焦当下、顺势而为，而不被外物所干扰。

4. 独特故事

生活中，我们或留恋过去，或向往未来，或者误以为自己的人生没有积累，也没有刻意留下痕迹，但这一切都客观存在，是每一个当下串联起我们独特的人生故事。我们的人生不是由外界的标准或所谓的结果好坏来定义，而是由我们当下的态度所塑造。每一个积极的瞬间，都让人生更加积极；每一个幸福的瞬间，都让人生更加幸福；每一个快乐的瞬间，都让人生更加快乐。这与我们记忆中的美好过去或理想中的光明未来没有关系，却与我们如何在回忆过去和畅想未来时把握当下的每一个真实存在的时刻有关。这个时刻构筑起我们生命的每一笔，连成线，构成了我们的生命故事，无论是快乐还是悲哀、充实还是遗憾、积极还是消极，都取决于我们此刻的选择。

在这个过程中，发现并投身于自己真正热爱的事业，往往能开启意想不到的可能性，让此刻变得丰富而幸福。现在，就是行动的时刻！

每一步都至关重要，每一天都是一张空白的画布，等待我们用精彩的行动去描绘属于自己的画卷。明确的目标是我们的灯塔，而行动是将目标转化为现实的桥梁。即便有时选择的方向看似偏离了轨道，但这些经历也在为我们的人生画卷增添彩色。

适时调整：心向目标，保持觉察

人生并非一帆风顺，在这个过程中，适时调整的能力成为我们前行路上的智慧。在适时调整的过程中，我们既要保持对目标的执着，又要灵活应对变化，这是一种平衡的智慧，更是对自然规律和社会发展趋势的顺应和臣服。适时调整并不意味着放弃目标，而是根据所处的环境，以更为智慧的方式去实现这些目标。具象五问中的如何调整恰恰是基于目标和效果的调整，高效能的调整往往伴随着觉察。保持觉察则是我们保持适应性和敏感性的关键。通过觉察，我们才能更加全面地了解自己、了解外部环境，从而做出更加符合实际情况的调整。

适时调整的三个步骤

首先，我们要明确所谓的"适时调整"中的"调整"究竟是什么？

概括来说，调整的对象是行动计划或阶段性目标，而非大目标。虽然大目标可能不够具体，比如成为科学家或者运动员，但这些目标所承载的人文价值和使命是不变的，目标带给人的内驱力是不变的，甚至可能会随着时间的推移而增强。

及时调整行动则是一种智慧的决策过程，它要经过一系列步骤来确保我们的目标能够在不断变化的环境中得到最佳实现，这也是达成大目标的关键。有时，适时调整意味着甄别一些伪目标，比如，有人对减肥有执念，总认为自己不够苗条。减肥的大目标是什么？是健康！如果过度减肥损害了健康，那么这个减肥的目标就是伪目标，放弃伪目标或者调整成更加利于健康的生活目标都是适时调整的智慧。

以下是及时调整的3个关键：

1. 以终为始——在采取下一步行动之前，先抬头看看目标

明确的目标是调整的依据。在行动和决策的过程中，时刻关注阶段性的目标，确保我们的努力是朝着最终愿景迈进的。这可以通过定期回顾目标、根据实际情况调整阶段性目标的具体内容，以及设想未来预期成果来实现。具体如图3-12所示：

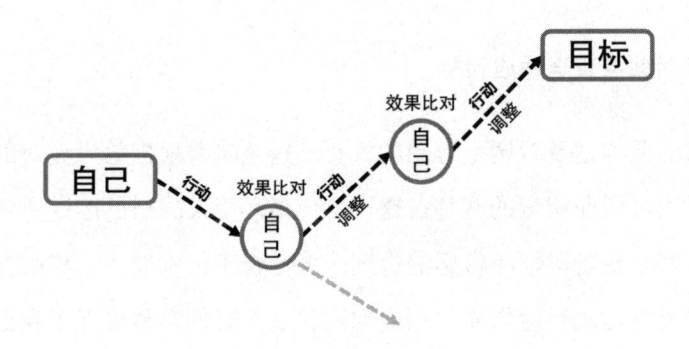

图3-12 以终为始：行动前记得抬头看看目标

2. 效果比对，步步为营

调整行动需要深入地研究行动效果与目标并进行比对。这包括对当前行动和策略的评估，是否支持满足达成目标需要的某些条件，以及它们对目标实现的影响。比对效果需要客观而全面的数据，这可能包括市场趋势、竞争分析以及个人或团队的绩效数据，还包括对行动产生的无形影响的评估，例如情绪情感的调动或影响，氛围是否向上、向善等。通过比对当前状态和预期结果，我们可以更清晰地看到行动是否仍是合理的，是否需要进行调整或修正。具体如图3-13所示：

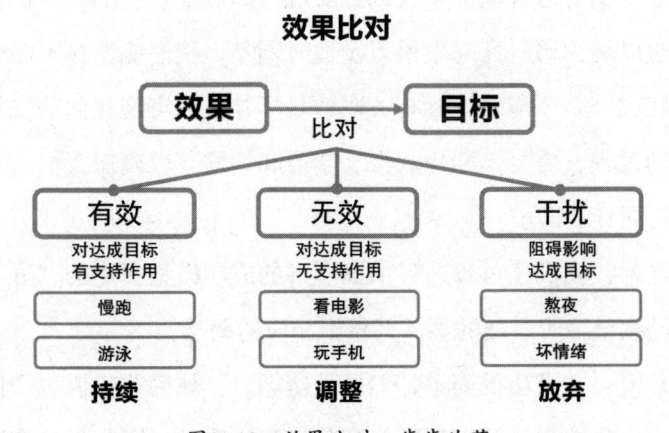

图3-13 效果比对，步步为营

3. 适时调整直至达成目标

适时的调整是及时调整行动的核心。这意味着根据效果比对的结果,有能力做出灵活而明智的调整。这可能包括环境及战略的改变、资源的重新分配,甚至是阶段性小目标的微调。关键在于识别变化、理解变化,并迅速作出符合达成目标需要的相应的调整。适时的调整确保了我们不会故步自封,而是会朝着最终目标前进。具体如图3-14所示:

适时调整

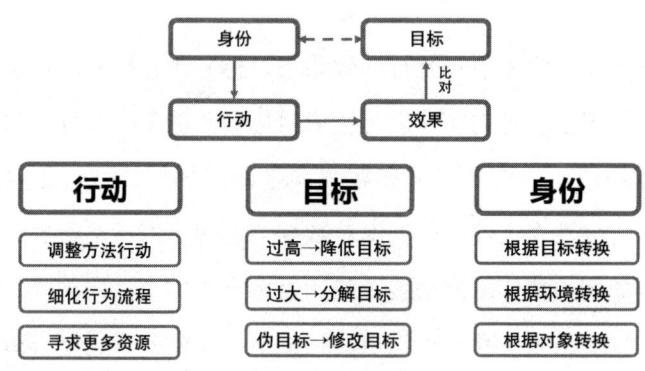

```
      身份 ←----→ 目标
       ↓           ↑ 比对
      行动  ---→  效果
```

行动	目标	身份
调整方法行动	过高→降低目标	根据目标转换
细化行为流程	过大→分解目标	根据环境转换
寻求更多资源	伪目标→修改目标	根据对象转换

图3-14 适时调整

这三个步骤的组合确保了我们在实现目标的过程中能够灵活应对各种情况。通过以终为始、比对效果以及适时调整,我们能够在不断变化的环境中坚持完成一个个与大目标相关联的目标并最终实现我们的愿景。这是一个循环的过程,需要不断地观察、学习和调整,以确保我们的目标始终与环境保持同频、同步。

除此之外,我们还可以通过前面所讲的成功模型提炼的"五问"来不断反问自己在某一阶段做的事,并做出相应的调整。

我们常说:"**成功很简单,但是没捷径。**"如果非得说一个做成事的捷径,那么,我们权且可以将适时调整理解为捷径,因为少走弯路也算是一种捷径吧。

当我们对行动中的效果总是感到无力或者没有动力时，我们需要思考这个目标是否是我们需要的。如果是因为我们的惯性思维或者被输入的观念要我们去完成的目标并非内在驱动的目标，那么，我们要思考是否要调整目标或者调整自身的身份角色，使之匹配并焕发出真正的动力，这也是对自然规律以及社会进步规律的尊重与臣服。

提高意愿：让情绪成为动力

我们在做事的过程中难免会遇到各种各样的阻力。显性的阻力容易解决，例如，能力不足可以提高能力，资源不足可以创造条件，只要目标明确都不是问题。可是，我们经常在不经意中被自己的情绪情感影响而偏离目标，却不自知。

情绪是一个能量状态，情绪越大，能量越高，所以，我们并不需要压抑、控制情绪；而要通过觉察，将情绪调整到向上、向善的高意愿上，然后使高意愿能以终为始地服务于自己的目标，这对做成事意义非凡。

沟通情绪而不是用情绪沟通

通常人们会根据个体的情绪状态将其简单划分为正能量和负能量。然而，我们从实现目标的效能出发，通过提升行动意愿来引导情绪的走向，使情绪成为达成目标的助力。

首先，我们要对情绪情感有一个基本的了解，区分它们是积极的还是消极的，即是处于上位还是下位，高兴是上位，失望、伤心就是下位。善的或是不善的，善的更能激发与上位相映的感受。上位的、积极的情绪情感更有意愿做事，将上位的感受和状态转向达成目标的高意愿。没有觉察，处于上位的、有善意的情绪也会被自恋或者我以为的"好"带偏，表面上看似做了有意义的事，实则为了满足自己的弱点。高意愿效能最高的表现是"2+3=5"，向上、向善地行动，做成事。

当我们有情绪情感时，哪怕是负面情绪，也说明我们有能量。我们要做的就是将这股能量引导到助力达成目标上，而不能让它无序扩散，消耗我们的行动力，甚至被它裹挟绑架，偏离原本的方向。

常用的方式是沟通情绪而不是用情绪沟通。但是，如果在我们保持觉察的状态下用情绪沟通能使效能更高，也未尝不可。区别就是我们不会被情绪绑架而失去目标和方向。一个保持觉察的人，即使在情绪沟通中也能陷入情绪的漩涡。

我的一名学员是一家单位的负责人，她的副手在处理一项工作时犯了一个重大错误。得知此事后，她非常生气，并在全体员工大会上公开批评了副手的草率行为。副手觉得很尴尬，带着情绪反驳并辩解。她情绪也上来了，说道："你不用说了！工作做成这样还说什么！干不好换人。"散会后，俩人都很生气。

第二天，副手见到她也没搭理她。她意识到这会影响工作，便立马把副手叫到自己的办公室，笑着问道："你还在为我昨天批评你而生气吗？你把工作搞成这样，还好意思生气？"

副手回答道："我事先已经和你沟通了，你却在大会上说得那么狠，一点情面也不给我留。"

她回应道："你还要情面？我一直在咱们单位倡导有情绪时不沟通，

沟通时不带情绪。你让我这几年修炼的冷静形象都破功了，我在那么多人面前发火，我俩之间还有什么情面可言？你还生气啊？"

"当然生气！"

"那好吧，我给你一天时间生气，明天回来继续好好干活。"两人相视一笑，所有的不愉快也随之烟消云散了。虽然她情绪爆发了，但她的情绪全程都在为目标服务。单位的人都知道她对工作要求严格，不徇私情，因此大家都变得更加严谨、认真，没人敢再粗心大意，同事之间的关系也变得越来越团结、信任。该单位年年都被评为本地区的先进单位。

这些显而易见的情绪情感是容易被发现和觉察的，还有些隐藏的情绪情感，如果不能很好地觉察和转化成做事的动力和意愿，就容易形成阻力，成为成功路上的隐形杀手。例如，我们常说的"塑料花友谊"就隐藏着难以见人的情绪。原本关系很好，却难以控自己内心的不平衡，有时甚至连自己也不希望这样但就是控制不住意难平的情绪。

以羡慕、嫉妒和恨为例，我们来讲讲疏导、转化的方法。我们的位置决定了我们努力的方向，而我们的善恶感则决定了转化情绪的模式。

- 觉察情绪情感在高位还是低位。
- 觉察情绪是善还是恶。
- 区分导致情绪事件与自己和人生目标的关系。
- 行为转向与目标相关的向上、向善。

当我们羡慕他人时，我们往往感到自己处于低位，感知到自身的不足。此时，尽管我们的心理状态可能是善意的，却难免有些沮丧。为了转变这种心态，我们要识别并比对羡慕对象的具体特质与自己的目标。若两者相关，比如羡慕他人的表达能力，便应将其设为目标，积极努力，遵循既定的提升步骤，逐步缩小与他人之间的差距。若两者无关，比如羡慕他人的大眼睛或自来卷发，则应学会接纳，认识到每个人的独特性，深入探究羡慕背后的深层动机，从而不断提升自信。

当我们嫉妒他人时，我们同样会感到自己处于低位，心理上受到威胁或自觉不如对方。此时，我们的心理状态可能趋向于恶意。为了调整这种心态，我们首先要区分感受到的情绪是基于事实还是主观臆想。若是主观臆想，我们就先放下干扰，回归理性；若是事实，我们可以将嫉妒的特质设为目标，提高改变的意愿，用实际行动改善自己的弱点和危机感。若嫉妒的特质与目标无关，或者完全是主观臆想，我们可以通过多次内省，面对这种情绪，观察并认知其对自己的影响，从而逐渐缓解情绪，用突破思维瓶颈的方法排除干扰，将注意力转化为提升自己的动力。

当我们心生恨意时，自我感知会趋于卑微，上位感减弱，而下位感与内心的恶意则显著增强。我们必须认识到，恨意首先折磨的是自己，对引发恨意的事件或对方并无直接改变。为了摆脱恨意的束缚，我们可以深入探究其根源，分辨其是否基于实际伤害，还是仅仅源于个人主观臆想与过度解读。不妨静下心来，客观梳理人物或事件，明确事实、被忽略的环境背景以及自己的想法和感受。通过深入内心，觉察并感受这份恨意，观察其如何变化，我们可以逐渐消散恨意，将能量转化为做事的意愿与行动力，使生活变得更加积极向上。

学会将恨意等负面情绪转化为向上的动力，实际上是一场深刻的认知升级。我们不再被恨意束缚，而是通过审视其根源，理解其本质来强大自己。在这一过程中，我们让内心保持宁静，感受恨意的逐渐消散，直至它不再影响我们。最终，曾经的恨意甚至可以转化为尊重、欣赏、关注或关爱，使我们的内心世界变得更加丰富、和谐。

任何消极负面的情绪都是认知提升的契机。通过找到并化解这些情绪，我们能感受到认知升级后的轻松与美妙。每个人或许都有过这样的体验：童年、少年时曾经让我们伤心、痛苦的事，待成年后再回看，会觉得那时的自己年轻幼稚甚至有些傻。这便是认知升级后带来的豁达与成长。

交流互动：在了解中拓宽认知的边界

在这个纷繁复杂的世界里，思想的碰撞就像火花在黑夜中闪烁，为我们指引前行的方向。多交流，便是将自己的思想与他人的智慧相互交织，点燃一场创新的燎原之火。

我们可以采用**事件+模型+感受+接收反馈**的方式，先客观描述事件事实，然后运用四要素剖析事件，表达自己的观点及感受，最后安静地倾听对方观点，尽量保持专注地全然地接收进来，过程中将思想集中在听上，而不是在分析或者评判上，不要急于思维加工或进行反驳，这样才能逐步尝试去碰撞出更多创新的智慧之火。

那么，在这个思想的大舞台上，我们都可以和谁去碰撞思想的火花呢？

首先，我们要找到交流的对象，无论是同一话题还是共同话题，交流是为了增进彼此的了解，拓展相互之间的认知边界。

1. 与家人交流

很多关系处理不好，如果想逃避或者切割其实都是可以的，唯有家人之间的关系是与生俱来的血脉亲情，无法彻底切割。与"家人"交流是情感需要，也是我们无法绕开的人生必修课。

当下，"原生家庭"常被用来解读人生境遇，甚至有人将生活的不如意归咎于原生家庭，被称为"原生家庭有罪论"。然而，这种弱者思维忽略了一个事实：每个人都有原生家庭，其影响无法避免。血缘关系带来的交集与冲突，以及所谓的"创伤"，都是我们无法逃避的功课。这些影响，无论是正面的还是负面的，都源于我们的个人认知解读，难免存在偏差。

面对原生家庭，我们有两种选择：第一种是沉溺于创伤，用它来解释自己的不幸；第二种是勇敢地面对自己对家庭的愿景，带着"创伤"去努力改变，引领家人走向更幸福、更健康的生活。仅仅是一念之差，却决定了我们不同的人生方向。

换个视角看，我们可以将家庭中的问题视为升级打怪的关卡，坚信自己是为了应对这些挑战而来，而且一定能够成功通关。

与家人交流时，我们应追求真实反馈。通过客观描述事件，让家人了解真相；使用思维模型，引导家人深入思考；表达感受，传递真实情感，并接纳对方的情绪，给予支持与回馈。在交流中，只要不是原则问题，我们就可以少讲理多讲情，以家庭和谐为目标，让家成为家庭每位成员的坚强后盾和生命力量的源泉。

2. 与爱人交流

与爱人之间的交流，构成了人生情感体验中最为核心的一环。亲密关系的独特魅力在于，其美好时能超越血缘与友谊，让人甘愿为之付出一切；而一旦关系恶化，恨意之深又能超越任何仇敌。无论是从生物学的繁衍需求，还是从爱情的本质来看，它都具有一种强烈的排他性，这种本能的占有欲远超其他任何情感纽带。我们对亲密关系寄予了无数纯真的理想，渴望彼此能相互扶持，共渡难关。然而，面对现实的妥协，人们又常无奈感叹："夫妻本是同林鸟，大难临头各自飞。"在这段关系中，真正能够做到和谐共处、精神自由的实属罕见。同时，现实社会中的亲密关系还受到情绪价值、利益平衡、条件对等诸多因素的影响，一旦发展为婚姻关系，更需考虑家族利益、子女基因、长远幸福等多重因素。因此，经营自己的情感关系，在关系中实现自我成长，是更深层次的智慧，也是更高的精神追求。有人曾说，人生最难的道场便是亲密关系，与爱人深入交流各自的生活经历、遇见的人和事，坦诚沟通并表达自己的情感与需求，同时获得及时且正面的反馈、肯定与鼓励，是构建关系安全感不可或缺的要素。

在亲密与亲情关系中，人们有时会因彼此的亲近而放松警惕，忽略了交流方式的重要性，误以为关系稳固就不再需要维护相互尊重的距离，以及交流的客观性和艺术性，未意识到这种做法可能会悄然埋下隐患。我们常以为对至亲之人可以直言不讳，却忘了未经修饰的真话，如果不考虑任性情绪价值，可能会对对方造成伤害。在亲密关系中，包容、理解、支持和共情是构建安全感不可或缺的要素。因此，我们需要保持敏锐的洞察力，在交流中准确捕捉对方的需求和潜在的冲突，以全情投入的陪伴，确保我们在亲密关系中既能保持真诚，又能避免伤害，共同守护这份珍贵的亲近与和谐。

3. 与同学交流

有几个学美术的同学在技校时感情很好，经常交流。毕业后，虽然人生的选择不同，有人继续深造，有人直接就业、创业或者成了公务员，但是，他们始终都保持着对艺术的热爱，有空就聚在一起讨论艺术的发展趋势以及分享自己对艺术的理解。随着人生的积淀，有的同学功成名就。但同学之间却没有名利的裹挟，也不是纯粹停留在少年时的情感中，而是以共同的专业学习和爱好（共同目标）为纽带，将彼此之间的友谊一直延续了二十多年。

与同学的交流不仅是知识的传递，更是知识的巩固和应用案例的反馈。通过描述具体事件，我们能够清晰地陈述事实，表达自己的观点和看法。运用四要素模型剖析事件本质，可以更深入地理解和思考问题。通过表达自己对相关知识的理解、观点和感受，我们可以使对方更好地了解我们对所学知识的认识程度、价值观甚至是情感态度，也会展现我们对知识的超越性的见解或者理解的不足。在接收反馈时，以安静地倾听为原则，不轻易反驳，从而更好地吸收对方的观点、见解。这样，同学间的交流可以起到巩固知识、延展视野、取长补短、增进情感的作用。同学之所以是同学，一定是有共同学习、共同修习的内容。

4. 与朋友交流

与朋友交流同样是情感生活中的重要部分。人除了有作为社会性动物的本能需求外，也有被理解、被尊重和有价值感等基本的心理需求。与亲情和爱情相比，友情更讲究平等，因此，我们对那些能够真正理解我们的朋友格外珍视。

俗话说："肩膀齐是兄弟，肩膀不齐两分离。"这意味着朋友间在思想、能力乃至社会地位和经济基础的差距不宜太大，否则难以持久维持。即使纯粹的感情依然存在，交流的空间却可能受限，不经意间就会沦为相互利用或被误解为目的不纯，被世俗化污染。朋友间的交流更多的是基于价值观一致的思想碰撞。因此，朋友圈是会随着个人的成长、经历和见识而发生变化。

PART 3　知道做到 —— 成功有方法但没有捷径

我想起了一个企业家和高中同学的故事。

这两位同学都姓王，大王是班长，学习成绩好，对班级工作也很负责，平时对小王很照顾。小王则更贪玩，成绩一般，在学校的各方面都不突出。高考时，小王自然落榜，大王也因意外失误没能考上大学，便开始工作，还与小王失去了联系。几年后，大王听说小王复读考上大学后成功创业，建立了一家大型企业。他激动之余，决定去找小王聚聚。小王见到大王格外高兴，便邀请他和其他几位同学一起吃饭。回忆起学生时代，小王还特意感谢了大王的帮助，还表示大家有空可以多聚聚。大王没想到小王这么有出息还这么念旧，一有空就去找小王玩。

小王的企业是生产汽车配件的，规模庞大。他在办公室时，总有下属来找他谈事、签字。于是，两个人也没有太多交流，大王只好坐一会儿就走了。几天后，大王又去拜访小王。小王见到大王，开门见山地问道："这次来是有什么事吗？"大王笑着摇头说："没什么特别的事，就是过来坐坐，看看你。"小王一边翻看文件，一边说道："那你随意坐，我这边还有些事情要处理，可能就不陪你了。"

小王本意是想表明自己事务繁忙，并未察觉大王的落寞，而大王则隐隐感受到一种被冷落的意味。于是，大王便起身告辞，从此再也没有登门拜访。小王也因事务缠身，没再主动联系大王。曾经的同窗之情还在，但在成年人的世界里，没有共同的基础，就只能留下过往的回忆了。

无论是同学也好，朋友也罢，如果没有相匹配的认知水平，是很难走得长远的。或许曾经的感情还在，但如果认知差距太大，又没有共同的爱好，大家在一起只会越来越尴尬。如果对此缺乏认知，就可能演变成地位高低、傲慢与偏见的问题，最终消耗掉仅存的感情。如果将这种关系和物质财富或者社会地位挂钩，也可以说成是没有利用价值，但利用价值何尝不是能力和认知水平的标志？在当今的圈子文化中，认知层次相近的人更愿意相互交往，因为这样更容易发现共同的目标。外界对于这种成功导向、务实的态度有所非议，但其实背后有其深层的道理。

5. 与同事和事业伙伴交流

与同事交流，核心在于明确共同目标和清晰界定行为边界。运用"2+3=5"的公式，即在追求目标的过程中，识别并补充四元素中的不足，能显著提升工作效率。关键在于明确同事间的角色界限，避免对个人喜好、形象等非职业因素的过度关注，以维护交流的和谐高效。

在处理责任时，应将其置于整体情境中考量，依据"谁对达成共同目标贡献更大"来分配，不拘泥于固定责任划分，尤其是在制度、规则模糊甚至真空地带，勇于承担，以"这是我的事"的态度面对，即便个人付出较多，也能减少负面情绪。

在利益分配上，共赢是理想状态，任何一方的损失都将影响整体效果，迟早显现。因此，在解决分歧时，坦诚直接的沟通至关重要，减少主观臆断，确保信息准确传达。面对含蓄表达，应主动求证，力求具体明确，以促进协作，减少误解，逐步建立默契。

6. 与高人交流

与高人交流，是获取广阔视野和深度思考的宝贵途径。高人之所以卓越，不仅在于他们在各自领域的非凡成就，更在于他们具备高维审视事物的能力，能助我们跳出思维局限。与高人交流，如同站在巨人的肩膀上，汲取智慧，升级认知，拓展思考边界，带来豁然开朗的启迪。

在与高人交流时，以学生身份聆听，对高人充满尊敬与仰慕。同时，要觉察自己内心的激昂向上，接纳并允许自己的"无知"与不足，保持真诚无我的学习状态。此外，还需警惕自己是否有显示或排斥学习的态度或倾向，因为认知层级是向下兼容而向上不兼容的。妄自菲薄易被洞察，而高人往往深邃且不愿做无谓的消耗。若你总是妄自菲薄，便失去了与高人交流的意义。

与高人交流，是从不同维度获得启发和收获的机会。高人对事物的描述更尊重客观事实，能透过现象洞见本质且资源丰富。现如今，人际交往的目的性更强，与高人交流可视为向上社交。但若自己缺乏底层思维，完全没有交流的基础，那交流便如鸡同鸭讲。因此，我们应通过呈现清晰画面，展现真诚质朴的一面，使用四要素模型分析事件本质，让高人更好地理解问题核心，引起高人兴趣，获得平等对话的机会和自信。

在交流过程中，我们应陈述事实和思想，表达真实感受，让高人深入了解我们的思考路径。接收反馈时，应以倾听为主，因为高人的反馈常蕴含深刻的智慧。我们需虚心接纳、深度思考、及时反馈并提问，从而碰撞出思想的火花。

无论是与同学、家人还是高人的交流，都是思想的盛宴。有效交流不仅能更好地表达自己，还能从对方的反馈中汲取智慧，促使思想更深入、更广阔的碰撞。在思想碰撞中，我们发现问题的本质，理解事件的真相，感知彼此的情感。通过接受反馈，我们不断修正思路。

跨文化交流的核心在于，基于共同目标的认同，寻求共识时保留差异。无论是基于共同的理想还是面对矛盾冲突，共同目标的存在不仅仅源于共享的理想，即使在冲突中也必然存在交集，而交集之处即是共同目标的所在。为实现这一目标，我们要超越个人理念与好恶的局限，即思维的束缚，直面事实，接纳现状，并集中精力于最终成果的达成。在此过程中，应允许并鼓励每个人运用其擅长的方式方法来贡献力量，不必强求他人遵循自己的路径或认同自己的方法。各方均可依据自身接受的理念来理解和诠释过程，以此促进多样性与协同性的和谐共生。

在信息迅速传递的今天，分享方式多种多样，如语音、文字、视频等。选择合适的分享方式和平台能更好地传递知识，引发更多思考和讨论。如此一来，我们便能在交流的基础上首先实现信息的充分交换。其次是在共同目标的指引下，用各自擅长的方式方法来达成目标或为目标贡献价值。那么，我们就又回到"2+3=5"的公式中去做事了。这不同于我们惯性思维中对于沟通的理解，"一定要接受某人的观点和意见，认识必须一致"，求同存异才是共识的内涵。在全息的大目标下，各自做着达成大目标所需之事。所以，我们交流的目的更多的是要检验自己将所学的具象法则是否应用得更好。

沟通交流应规避消耗。我们在交流时常常会发现，有些人会在悄无声息中消耗我们的注意力与精力。比如，有人习惯性地输出负面情绪、传递焦虑；有人热衷争辩、抬杠等。在这种情况下，我们完全可以选择温和而坚定地退出对话，不再继续无效纠缠。一句"我知道了，谢谢你"，不仅礼貌得体，也是对自身边界的守护。

至于建议，提供建议是我的事，是否采纳是别人的事；要求是我的事，要求的内容是我能决策的事，被要求的对象是有接受要求的身份角色的，要求才成立；而命令是发出者有这个权利，对象有服从的义务，在事件中的身份角色上的权力从属关系就更加清晰，具有绝对的身份角色。

搞清谁的事，人在事件中的角色和关系，从而使以交流沟通为基础的互动行为变得更加积极、健康和有效。

简单练习，成事在望

日程行动					
重要事件（指向目标）：□A 重要事件　□B 重要事件　□C 重要事件					
今日计划		完成情况			
时间	行动	是否完成	用时	原因	奖励
今日反思：					

说明：

结合所学知识点，每日开始写计划和记录日常行动吧！

PART 4

日进一步

——从量变到质变的过程

我们近二十年的实践证明，思维认知的转变与时间的流逝息息相关。无论是一周、一个月、三个月、半年、一年、三年、五年、十年这些时间节点都会发生变化，每个时间节点上都有标志性的事件能让我们确定地知道自己的变化。尽管个体间存在一定的差异，如有人可能在21天内就能感受到了变化，有人是在一个月后；在接近一年的节点上，有人是在十个月时突然发现自己成长了，有人则是在一年多后才发现自己的变化。但不可否认的是，变化终将显现。

具象法则改变思维操作系统，属元认知的范畴，其影响是潜移默化的。这种变化典型地体现在对待消耗性事件的态度上，比如从听到批评就生气到能够冷静应对。这种进步是不可逆的，标志着从混沌到清晰的转变，使人难以回到原来的状态。而"难得糊涂"则是认知升级至新高度的表现，即放下原有的执着，达到一个新的境界。但这并不意味着所有方面都会自动改变，觉察与改变是一个不断发现、突破、再提升的过程。

认知水平的提升与个人的原有层次紧密相连，层次较高的个体往往能获得更显著的提升。这就像孩童与成人攀登台阶，前者虽全力以赴跨过了十层台阶，而后者则可能轻松自如迈上一层台阶。成年人的一大步的高度可能远超孩童十层的总和。因此，身处高位者能深刻理解认知层级提升的难度，那么，尊重差异，不勉强他人，也是一种修养。

坚持运用"2+3=5"的思维公式，每个人都能实现不同程度的成长。当群体间相互交流、分享时，更能形成思维共振，效果倍增。这种共振的作用在企业中尤为显著，能极大地降低消耗并提升团队协作、执行力和绩效。

在这一篇章中，我们将穿越时空，回顾成长之路。让不同认知层次的人都能通过共同的思维工具——具象法则，实现思维共振，提升效能，最终实现由量变到质变的飞跃。

在这条成长之路上，我们通过日积月累的努力，感受每一点微小进步的喜悦。你会发现，每一步量变的积累，都是对未来质变的铺垫，每一天都标志着新生的开始。

常运动：拥有一个更强劲的灵魂的容器

在现代社会，生活压力、不良习惯及缺乏运动导致的健康问题层出不穷。我们的生活节奏与自然规律脱节，身体感受的敏感度也在下降，亚健康状态和老年病低龄化现象普遍存在。尽管医疗技术的进步能延长寿命，但未必能提升生命的质量。拒绝过度医疗与保健，深度觉察自己的身体状态，让生活习惯回归自然，并通过运动重新找回对身体的感知，是提升生命品质的关键所在。

思维与行为都离不开健康的体魄，读懂身体深度觉察

当一个人的身体出现问题时，情绪也会受到影响，可能会变得过度敏感且多疑，或者对情绪反应迟钝。有些人经常出现肠胃不适、发热头疼等症状，但体检却显示一切正常，这大概率是心理因素导致的身体问题。现代医学已证实，肠道与大脑之间有着紧密相连，心理调节不当可能诱发身体疾病。

接下来，我想分享一个真实的故事。

有一个女孩在小学时偶尔会出现肚子疼、呕吐等情况，班主任对此表示怀疑，建议家长多加留意。妈妈发现孩子对此反应强烈，并坚称自己是真的难受。经医院检查，却并未发现孩子有任何器质性疾病。中医诊断为

脾胃不和，但孩子对治疗并不积极。妈妈察觉到孩子可能有点厌学，虽然孩子偶尔会抱怨，但仍然坚持上学，因此妈妈也未过多干预。

进入初中后，随着学习压力增大，孩子的状况开始恶化，胃口变差，情绪波动大，厌学情绪变得愈发严重。妈妈询问学校的老师，却并未发现有严重的事情发生，于是便劝导孩子专注于学习。然而，孩子的状况持续恶化，出现了嗜睡、胆小等症状，并且越来越不愿意上学、出门，一有空就玩手机。

对此，妈妈感到非常困惑，带孩子去医院检查，发现孩子存在重度焦虑和抑郁倾向。医生建议让孩子去精神专科医院治疗，并强调不应让孩子因此辍学。妈妈陷入两难的境地，既担心孩子被误解为装病，又担心不及时治疗会影响孩子的身体健康。

经过深思熟虑，妈妈认识到孩子的痛苦是真实的，不应以成人的标准要求她忍耐。她决定以孩子的健康幸福为首要目标，不再在意外界的评价。同时，她也开始积极寻找安全有效的治疗方法，以确保孩子得到妥善治疗。

最终，妈妈坚定地告诉女儿："你的健康幸福是最重要的。如果你感到痛苦，我们就暂时不上学，专心治疗。生病是正常的，我们需要休养和恢复。妈妈会一直陪着你，直到你康复为止。"

后来，我与这位妈妈交流，得知她在陪伴孩子的过程中不仅积极探索最佳治疗方案，还不断提升自我认知。她们没有盲目就医，单纯依赖药物，而是经过深思熟虑，选择了专业的青少年精神心理治疗团队，有效控制了病情，同时辅以中医针灸，促进孩子的身心健康。

在妈妈的细心照料以及陪伴、支持与沟通下，女儿重新有了活力，也逐渐敞开了心扉，吐露内心的秘密。原来，她虽然外表桀骜，内心却很脆弱，误会与打压让她更加封闭真实的自己。妈妈的倾听与开解让她开始理解自己与他人的不同，接受自己的不完美。

妈妈始终坚信女儿的优秀，即使她选择不上学，也依然是妈妈的骄傲。她大方地带孩子出门，与朋友分享孩子的状况，从不避讳，消除了孩子的心理压力。在妈妈的鼓励下，孩子决定回到民风淳朴的老家借读，并逐步适应了学校的生活。在这一过程中，她们还帮助了许多同样焦虑的父母，孩子的善良与热情让妈妈感到无比自豪。

最终，那个朝气蓬勃、有个性、活力四射的女孩终于回来了。

妈妈回望这段经历，内心五味杂陈。她开始反思：孩子在上学之后释放出的种种"不舒服"信号，其实早已是情绪受阻的警示灯，而自己却一度视而不见。她原本以为自己是一个通情达理的母亲，与孩子关系融洽。但在这次事件中，她才深刻地意识到：自己成长于一个重视秩序与规矩的家庭环境，习惯了"守纪律、顾大局"的处事逻辑，也因此在不自觉中用这样的标准和规则框住了孩子的表达空间。

而她的女儿恰恰是一个渴望自由、富有个性且内心敏感的孩子。在一次次无形的压抑与"被纠正"的教育中，孩子逐渐选择了沉默与退缩，从未真正向母亲敞开心扉。孤独感与无力感在她心中悄然生根，最终到达情绪崩塌的极点。

妈妈对此深感遗憾，也意识到正是自己的无知导致未能及早觉察，未能读懂孩子的"身体的语言"，才让本可缓解的困局变得更加棘手。

幸运的是，在后续的康复过程中，**家长的理解与放下、专业的干预治疗、友善包容的环境以及孩子本身良好的认知基础**，共同构成了一张修复与重建的支撑网。而运动作为孩子找回自我节奏与内在能量的重要方式，也在这一过程中起到了至关重要的作用。

孩子从小所接受的积极的人生观教育，也在此刻显现出深层价值——

她懂得"情绪只是阶段，不是结论"，也相信"困境不是失败，而是成长的开始"。

在经历了这场"心理风暴"之后，妈妈对"教育"有了更深的觉悟："无用之用，方为大用。"有些孩子的"慢热"，不是懒惰，而是敏感。有些孩子的"不合群"，不是叛逆，而是个体节奏。家长的使命，不是塑形，而是守护，是为那些有思想、有温度、有天赋的孩子们撑起一张风帆，让他们在合适的时间以自己的方式开启人生的航程。

正如那句古语所说：**"故天将降大任于是人也，必先苦其心志，劳其筋骨，饿其体肤，空乏其身，行拂乱其所为，所以动心忍性，曾益其所不能。"**许多大器晚成的孩子，其成长之路注定更加崎岖和坎坷。家，是他们疗伤的港湾；父母，是他们永远的后盾。这，才是一个家庭真正的正道。

教育内卷现象严重，使老师和家长过分关注孩子的成绩，盲目补课，延长学习时间，牺牲了孩子的睡眠和健康。他们没有意识到，学习成绩其实是学习力的副产品，而学习力又受到情绪、态度的影响，并与学习热情、身体状况、专注力及学习方法相互支撑。古今中外，有成就的人无不拥有过人的精力和体能。没有健康的身体，一切成就都是空谈。

深度觉察与身体紧密相连，思维力、行动力及感受力均依赖于大脑与身体的健康。关注并理解身体为深度觉察提供了素材，以调整行为模式，强化自我意识的探索。具体如图4-1所示：

深度觉察

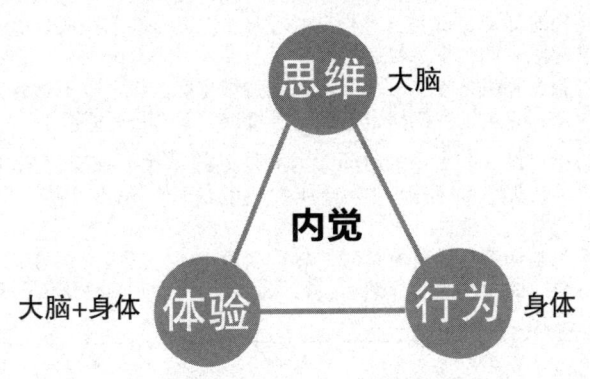

图4-1　读懂身体的深度觉察

深度觉察身体包括对身体感觉、情绪和反应的敏感和接纳。表4-1是深度觉察身体的几点建议,供大家参考:

表4-1　深度觉察身体的几点建议

身体扫描	身体扫描是一种深度觉察身体的有效方法。你可以选择坐着或躺下,然后逐渐将注意力转移到身体的每一个部位,从脚尖开始,慢慢向上扫描至头顶。在这个过程中,仔细观察每个部位的感觉、紧张度或舒适度
定期运动	运动是觉察身体的绝佳途径。通过有规律的锻炼,你能够更敏锐地感受到身体的力量、柔韧性和能量流动。瑜伽、太极等运动形式不仅锻炼了身体,还强调了身体与思维的连接,帮助我们在运动中进一步觉察身体状态
食物觉察	我们从小被教育要食不言,这其实是在提醒我们在进食时要用心感受食物的味道、质地和香气。注意饮食对身体的影响,观察食物如何影响你的能量和情绪状态。虽然中国人有"吃什么补什么"的说法,但我更倾向于注意吃什么会让自己感到不舒服,从中发掘背后的身体和心理原因
禅修、站桩、打坐、冥想以及正念练习	冥想和正念练习是培养深度觉察的有效途径。通过每天定期进行冥想,集中注意力于呼吸、身体感觉或其他感知上,可以提高对身体内在状态的敏感度。需要说明的是,禅修、站桩、打坐等能带给人生命体验的练习,最好是在老师的指导下学习

续表

保持呼吸意识	深呼吸和呼吸意识有助于放松身体，提高对身体感觉的觉察。无论何时何地，都要留意自己的呼吸，尤其是在紧张或焦虑时，通过深呼吸来调整身体状态。 肺的呼吸是唯一一个既可以受意识支配，也可以不被意识支配的脏器，它也是我们探索意识与潜意识关系的重要通道
静心和内观	给自己一些宁静的时间，远离外界的干扰。在安静的环境中，闭上眼睛，专注地倾听身体发出的信号，包括心跳、呼吸和其他感觉。 当感知到自己有情绪时，尽量放松身体，向内观察情绪的强度以及对应的身体感受，然后进行深呼吸，再次观察情绪，循环感受它的变化、减弱

上述这些建议可以根据个体的偏好和生活方式进行调整。选择自己舒适的方式坚持练习，不仅有助于促进身体的健康，更有助于认识自我，调整生活方式，实现身体和心灵的和谐统一。

身体是我们生命的载体，如同智慧的容器，需保持良好供给才能灵敏运行，即吃得饱、睡得香、排泄顺畅。学习身体与情绪的关系、身体反射区知识，是应对未来变化、保持理性与健康的必备能力。

1. 身体的智慧

身体蕴含着丰富的智慧，这在生理机能与反射区中得到了充分体现。中医的五行理论将五脏与情绪相对应，而现代医学也证明了迷走神经与身体脏腑及情绪之间的联系。学习这些知识能够提升我们的自我觉察，唤起身体的智慧，从而促进身心健康与平衡。

2. 先天与后天

先天与后天因素共同塑造了我们的身体与特征。先天因素包括遗传等，而后天因素则受环境、饮食和生活方式等的影响。通过观察头部、手部、足部等反射区，我们可以了解健康状况与心理状态。在家庭环境中，若父亲或母亲患有某种疾病，子女同样患病，甚至下一代也未能幸免，我们往往会将病因归咎于先天因素与基因，从而忽视了对其他病因的深入探究。我的一位道医朋友曾与我分享，先天因素是与生俱来的，而许多疾病并非在出生时就已注定，而是随着成长逐渐形成。这些后天形成的疾病，更多的可能与家庭的生活环境、教养方式等密切相关。这一观点让我对疾病的成因有了一个全新的认识。深度觉察身体，不仅能帮助我们发现家族疾病背后的生活和认知规律，从而解决健康问题，而且是构建精神强者的基础。将深度觉察身体作为认知升级的一部分，可以为我们打开成功与健康的大门。

人如车辆，需定期维护。现代人往往依赖体检数据，被动地等待预警。其实，家人之间相互按摩，发现反射区和经络反应，进行家庭和个人自检，既能增进感情，又能分享生命感悟，从而达到"治未病"的目的。

在运动中激活体内的"快乐荷尔蒙"，促进神经系统的发育

运动往往是作为锻炼身体的手段，但在认知升级的角度上却常常被忽视。殊不知，健康健全的体魄对认知的作用是不可替代的。

首先，身心健康相互影响已成为共识，心理问题常常伴随着认知局限。例如，爱钻牛角尖、认死理、陷进去出不来。这时，身体的某些部位也是僵硬的。

其次，身体作为思想载体，其健康直接影响思维与反应能力。疲劳或脑供血不足都会损害思考能力。身体健康还决定了感官的敏锐度，影响情绪的觉察，使触觉更加细腻敏感。反之，限制性思想会阻隔感受，影响身体灵敏度与承受力。身体状况在认知中作用巨大，几乎承载了全部的机能。

运动是一个磨炼身体、挑战极限的过程，同时也是对内心灵魂的一场

深刻洗礼。**它不仅能够塑造健康的身体，更能在挫折、奋斗和成功的过程中炼化出一个更加强劲的灵魂。**

运动可以激发我们的身体产生一种神奇的物质——内啡肽，它也被称为"快乐荷尔蒙"。这种天然的化学物质不仅在我们锻炼时释放，还会在身体和思维的调和中扮演关键角色。内啡肽不仅提升了我们的兴奋感和幸福感，同时也具有镇痛的功效，让我们更能坚持运动的艰辛。

运动的好处远不止于此。它不仅能增强体质，保持身体机能，使精力充沛，还能促进神经细胞新生，让头脑变得更加聪明。有氧运动如游泳、慢跑、快走等，每次30分钟左右，至身体微微出汗，是理想的选择。运动后，身体细胞和神经元处于兴奋状态，大脑变得更为灵活，此时进行学习活动，如阅读、解题、创意工作等，效率会更高。

通过运动，我们不仅练就了强健的体魄，还唤醒了内在潜能——神经系统对骨骼肌肉的精准调控，它能激发思维的敏锐度与活跃度，而强大的统合能力则是创造力提升的源泉。

以我的一个学生为例，他是一名非常出色的军医，不仅医术高超，身体素质也很好，业余时间酷爱足球运动。退役后，他所在单位需参加行业篮球赛，但因医务人员中篮球高手稀缺，团队士气低落。尽管他投篮技艺不精，却毅然决定领队出征，最终引领队伍闯入决赛。他分享道："我们不与他们硬拼技术，因为在这方面我们确实不占优势。作为众人皆知的'投篮黑洞'，即便在空位时，我也难以命中篮筐，因此我决定在比赛中不再投篮。然而，凭借足球场上练就的全场奔跑能力和身高体重优势，我将精力集中在防守上，盯紧对方前锋。虽然我不得分，但也绝不让对手轻易得分。作为队中技术最弱的一环，我却能牵制对手的最强球员。我不追求个人风光，而是作为球队的灵魂，谋求团队胜利。我们运用的是田忌赛马的智慧,比拼的是思维与战略,考验的是团队精神、战术执行及应变能力。"在他的鼓舞下,队友们斗志昂扬,飞速提升了实战中的战术水平。

在这一视角下,集体对抗性运动对思维和认知水平的提升尤为显著。参与如足球、篮球、排球等传统三大球,以及橄榄球、手球、冰球等富含对抗与冲撞的集体运动项目,不仅能强健身体、磨砺坚韧的意志,更能极大地促进团队协作、沟通技巧及统筹规划能力的提升。这些运动强调个体需具备出色的沟通能力、理解能力、全局视野,以及卓越的领导力与高超的思维认知水平,这些能力一旦养成,又可以迁移至生活的其他方面,从而实现认知升级。

常读书:会读书,读好书

读书的核心目的,在于丰富我们的内心世界,拓宽我们的思维与视野,增强我们内心的力量。提升认知能力,才是读书的本质所在。而提升认知水平,就如同逆水行舟,需要我们付出巨大的努力与坚持,考验着我们内心的坚忍与毅力。大量阅读,就像在平静的水面上不断拓宽我们的探索领域,我们可能会遇见更美的风景,也可能会遇到水下的泥沼。但逆水行舟的意义,就在于我们不断发掘向上的动力,无论面对的是湍急的小溪还是磅礴的瀑布,都要找到那个有势能的场所,积攒起向上的动能。

因此,有目的、有系统地阅读一本好书,就如同与作者,甚至与古圣先贤进行一场深入的思想对话。这样的阅读,能让我们畅享精神盛宴,使作者的思想成为我们生命的动能,让我们受益终身。用我们之前所学的理论来说,书籍是作者思维效能的载体,能够穿越时空,与我们在精神上产生碰撞,引发共鸣。

在读书的过程中,我们首先需要关注自身的需求,使阅读成为一场与自我、与灵魂的深度对话。在书中,我们可以见人、见世界、见众生,找到那个更真实的自己。人们常说"读万卷书,行万里路",这既是对我们常读书、多读书的鞭策,也是对我们读书方法、读书质量的提醒。我们要学会读书,读好书,更要学以致用,将书中的智慧转化为生活的力量。

董宇辉曾说:"不读书,就没有现在的董宇辉。"

这里的"读书"是多个层面的。董宇辉不只是单纯的阅读量巨大、涉猎内容广泛,更在于他不是死读书,而是能够在高质量的阅读中汲取营养,深入浅出地应用。例如,在任何岗位、场景下都可以游刃有余地将书中的知识与现实关联,并用他独特的朴实又很有书卷气的风格发挥出来,从而激发更多的人热爱读书、学习知识。

如果你看过董宇辉的直播,你会发现他在直播过程中,从苏东坡到杜甫,从莎士比亚到尼采,对古今中外的各种人物和典故几乎信手拈来,运用自如。正如董宇辉说:"读书并不会让你马上成功,而是让你在遭遇低谷的时候,给你一种崛起的力量。"

董宇辉的故事是一个生动的例证,在这场读书的航行中,我们并非在有限的岛屿上徘徊,而是在无涯的大洋上追逐着星辰般的智慧。读书让我们成为航海家,穿越在无垠的智慧之海,向着永恒的未知前行。如果你不是时间和财富自由,又没有一目十行、过目不忘的天赋,那么就请你多读书、读好书。

然而，读书的意义并非仅在于获取海量信息，更在于提升思维的品质与深度。真正的阅读，应该是一场深入骨髓、充满思辨的沉浸式体验。书要读厚，更要读透。我们鼓励大家用拆书法来精读一本书，即先将书中的内容读薄，抓住核心观点和精髓，然后再拓展延伸，将书读厚。在这个过程中，你的抽象思维、逻辑思维与系统思维将会得到同步成长。

拆书——探索智慧之源、无涯之境

每个人的阅读方式各不相同、独具特色，而拆书法则是一种深入挖掘书籍精髓的高效方法。通过拆书，我们能够更深入地理解作者的思想，培养抽象思维、逻辑思维和系统思维的能力。这一方法旨在让我们在阅读中更深入地理解作者的思想，并将所学知识融入自己的思维体系中。

具体方式如图4-2所示：用拆书的方式，把书读薄（归纳提炼），再读厚（旁征博引），从而锻炼自己的抽象思维、逻辑思维和系统思维的能力。

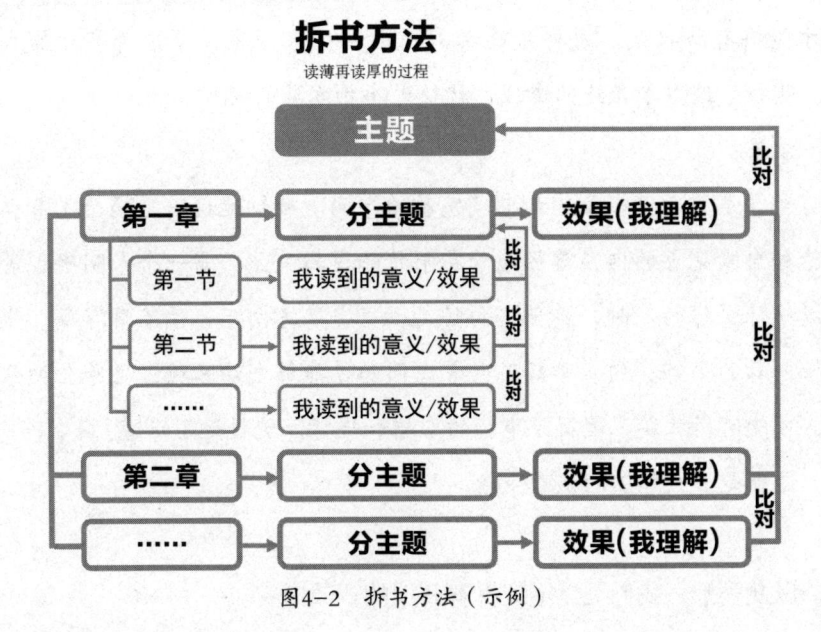

拆书方法
读薄再读厚的过程

图4-2 拆书方法（示例）

例如：《大学》原为《礼记》第四十二篇。宋朝程颢、程颐兄弟把它从《礼记》中抽出，编次章句。朱熹将《大学》《中庸》《论语》《孟子》合编注释，称为《四书》，从此《大学》成为儒家经典。

我们用拆书的方式读就可以深刻地体会到经典为什么是经典。

下面我以《大学》中的拆书内容为例进行阐述：

原文：

大学之道，在明明德，在亲民，在止于至善。知止而后有定，定而后能静，静而后能安，安而后能虑，虑而后能得。物有本末，事有终始。知所先后，则近道矣。

译文：

大学的宗旨在于弘扬光明正大的品德，在于使人弃旧图新，在于使人达到最完善的境界。知道应达到的境界才能够志向坚定；志向坚定才能够镇静不躁；镇静不躁才能够心安理得；心安理得才能够思虑周详；思虑周详才能够有所收获。每样东西都有根本和枝末，每件事情都有开始和终结。明白了这本末始终的道理，就接近事物发展的规律了。

效果：

大学是关于弘扬美德和自我完善的学问。确切地说，它揭示了人弘扬美德和自我完善的内在路径与外在事物的逻辑关系。当一个人明确了最终要成为什么样的人时，就会志向坚定；坚定了志向后，便不再浮躁，能够保持内心的平静；内心平静了，考虑问题才能够全面客观；思维全面系统了，才能有所收获。理解了事物的本质和规律，就接近了正道。

这也是《大学》的核心主题。

以此类推，我们可以继续拆解其他的章节内容。

总之，利用这样的拆书工具解析《大学》，我们能够避免传统学习经典时仅停留于表面的文字翻译与记忆，而是深入文章的骨架，沿着其篇章结构细致剖析。这一过程不仅让我们紧扣文章原意，还能让我们跳出文字的束缚，清晰地洞察到文章背后的逻辑结构与思考脉络。

在此基础上，我们领悟到，每一段落都紧密围绕着一个核心主题，即追求个人品德修养的至善境界。这一修行之旅始于一个宏大的愿景——自我完善与超越，其理论层次分明，从内在的"定、静、虑、得"逐步深入，这正是对事物本质与规律的探索，也是个体与"道"相融的"合道"的过程。

同时，《大学》还强调了弘扬美德的重要性，这同样需要立下高远之志，以服务天下、治理国家为大目标。实现这一目标的路径依然是由宏观至微观，从治国、齐家最终落实到修身。修身之要在于正心、诚意，而"致知在格物"则明确指出了实践的重要性，即通过具体的"格物"行动来检验知识和真理，修炼个人的态度与思维，进而通过心性的磨炼完成修身，促进家庭和睦，最终实现服务国家、贡献天下的远大抱负。

无论身份如何，都应遵循这一自我修炼的生命根本，视其为终极目标，否则便是颠倒了本末，偏离了正道。

除此之外，我们还可以尝试以下两种方法来进一步提升读书的效果：

1. 薄读（归纳提炼）

目的明确：在开始阅读时，明确读书的目的，关注当前阶段最需要的知识或技能，选择主题符合自己需求的书籍。

提炼核心：将书籍中的关键观点、理论提炼出来，形成简明扼要的笔记或总结。

结合自己的理解，审视作者的思想内容，并推导逻辑关系：对提炼出的信息进行整理，建立起自己消化后的知识体系。很多人也会通过生成思维导图的方式来完成薄读。

2. 厚读（旁征博引）

拓展思维：在薄读的基础上，进行深入挖掘，寻找相关的背景知识、引申观点，形成更为全面的理解。将引用的典籍、数据、出处等延伸阅读。

引用比对：将书中的观点与其他资料、观点进行比对，扩展对问题的认知深度。不同背景、文化、学派阐述的异同，用比较学的方法对书中的内容进行重点研究。

思考争议：对书籍中的观点进行思辨，尤其是有争议的内容，挑战其合理性，形成独立的见解。

深度理解：通过拆书的方式，我们实际上在进行一场与作者思想的深度对话，思辨其演化过程，环境背景、人文差异、技术变革，以及语言和生活习惯的变化，理解其思想背后的逻辑。

批判性思维：对作者提出的观点进行多视角印证和反思，对作者成书的逻辑和底层思维进行梳理和反推，锻炼客观的批判性思维的能力。

应用实践：将所学应用于实际生活或工作中，使读书不仅停留在理论层面，对照自己的实践进行思辨，使之能为个人发展和问题解决提供实际帮助。

与浅尝辄止的快餐式阅读相比，拆书虽有些耗时，却能有效地锤炼出我们独立思考、系统构建以及批判性判断的能力。每一次拆书的过程，不仅是对知识的重新组合与梳理，更是心智的升级与蜕变。

精读一本好书，就像与远古智者进行一次灵魂对话。你读到的不仅仅是文字内容，更是作者的世界观、方法论。

所以，请慢读。让每一次深度拆书，都能成为你与世界对话的一次重要进阶。

多行动：在行动中成为巨人

实践是检验真理的唯一标准。唯有在行动中，我们方能领悟生命的深意，逐步将自己塑造成为内心深处那不可小觑的巨人。

行动，如同一股清泉，为我们带来希望、注入能量，激发无限的动力，同时消解焦虑与纠结，避免无谓的精神内耗。即便自己尚未行动或未达目标，目睹他人的奋斗亦能激发内心的鼓舞与震撼，令人心生敬佩。因此，我们总对那些勇于行动、敢于梦想并付诸实践的人抱有深深的敬意与羡慕。与其羡慕不如多行动，在实践的道路上不断前行。

有两位课程顾问——小刘和小马，她们都是富有梦想和创造力的年轻人，而公司也为她们提供了广阔的发展空间，助力她们实现自我价值。

然而，一年过去了，两人的发展轨迹却截然不同。小刘屡屡创造惊喜，不仅收获了丰厚的薪酬，还实现了快速晋升；而小马却被公司的人力资源部门约谈，希望她能改进工作表现。

令人意外的是，在刚入职时，大家对小马的评价更高，认为她比小刘更机敏、见识更广。然而，结果却出人意料。回顾两人过去一年的工作经历，问题的关键逐渐浮出了水面：两人同样富有创造力，同样努力，唯一的不同在于行动力。

小刘每当有一个好点子时，总会毫不犹豫地立刻行动，在实践中不断打磨完善，逐渐调整方向。面对困难，她从不轻易退缩，总是积极寻找解决办法，始终保持向前的动力。而小马则恰恰相反，她总是在构思和规划上花费大量时间，然后在脑海中反复推敲，预设可能遇到的问题和应对策略。然而，很多时候她的预设并没有发生，发生的往往是没想预设到的事。每当遇到新问题，她就停下来，陷入新一轮的思考。尽管她有很多的创意，却因为迟迟不付诸行动，最终没能取得任何实质性的成果。

生活中有许多事值得我们去做，但很多时候，我们却因犹豫不决、懒惰或被琐事缠身而错失良机。在信息爆炸的时代，人们灵感频闪，却常因缺乏行动力而被日常琐碎所淹没。我们总是能找到许多看似合理的借口，比如"没有明确目标""事情不够紧迫"……然而，真相却是，我们往往深陷一种舒适却狭隘的认知模式，难以挣脱。

还有很多人想在工作中追求卓越，却因害怕犯错而迟迟不敢迈出第一步。时间悄然流逝，梦想被困在脑海中，成了空想。其实，行动中出现错误并不可怕，真正可怕的是因为害怕错误而停滞不前。只有在行动中，我们才能总结经验、调整方向、超越预期，最终创造出令人惊叹的成果。

"凡是决定了的，就是对的。"这句话出自《麦当劳七大方针》，也是最重要的一条。所有的成长都发生在行动之中。只要开始行动，即便出错，我们也能从中吸取教训，获得成长；而如果只是空想，那才是真正的虚耗。

行动起来，主动跳出舒适区

"舒适区"，也可以称为心理舒适区，指的是个体遵循习惯性行为模式以获取心理安全及舒适的状态。在这个区域内行动，人们会感到自如；

而一旦越界，便会体验到失控、不适乃至别扭的感觉。例如，每天早晨先刷牙后洗脸的习惯，若颠倒顺序，便会感到不适应；又如，习惯于十点前入睡，偶尔熬夜便会觉得很难受。从认知发展的视角来看，"舒适区"的概念超越了物质享受的层面，它深刻地触及我们的思维模式、心理状态及认知框架。惯性思维导致我们对改变产生本能的抵触情绪，而这种不易察觉的内心抵触常被误解为不愿吃苦，实则源于潜在的思维壁垒。人们对变化与变革之所以感到压力重重、危机四伏，根本原因在于外界变动打破了舒适区的宁静，而变化带来的不确定性引发了恐惧心理。

要打破这一僵局，我们需要转变思想观念，激发行动的欲望。读书、交流等活动能为我们带来新的观念和认知，推动我们迈出行动的第一步。然而，有时即便我们明知应行动，却仍感到力不从心，这是身体智慧在提醒我们行动可能带来的痛苦和不安全感。此时，转念成为关键，通过调整思维角度，我们可以改变对行动的感受，从而支持行动的进行。

对于那些既没有明确抗拒感，也缺乏行动力的情况，我们可以通过一些"超常"的小行动来激发改变。例如，将攻克难题的成就感与获得赞美的骄傲感相联系，让行动变得更具吸引力。这些小行动能够带动我们的体验和思想转变，使我们更容易迈出行动的步伐。

多行动并非空洞的口号，它需要我们持之以恒地跳出原有的舒适区，适应并拥抱改变。这一过程虽然可能充满挑战，但只有通过长期的坚持，我们才能将行动内化为自动自发的行为习惯。

美国风险管理理论学者纳西姆·尼古拉斯·塔勒布在《反脆弱：从不确定性中获益》一书中写道，人的骨头在承受压力和紧张时会变得更加坚硬，除此之外，这些压力和动荡还会影响到生命里的其他事物。所以，他说："我们需要适时出现的压力与危机，才能维持生存与繁荣。"

看来，想要彻底跳出舒适区，我们还得找到一些合适的方法才能应对自如。

1. 具体明确的方案，抽象思维转换具象思维

方案执行力：通过制定具体明确的行动方案，将抽象的概念转化为具体可执行的实际步骤。明确的方案更容易执行到位，提高行动的效果。

思维转换：将抽象思维转换为具象的思维内容，实现理念与实际行动的紧密结合。在实践中不断锻炼总结、提炼、发现现象背后的本质的抽象思维的能力。抽象思维与具象思维相互切换，使达成目标更具实效性。

2. 思想、语言、行为一致，向上、向善效果更好

一致性原则：确保个体的思想、语言和行为保持一致并坚持向上、向善，形成积极的思维、行为、体验的循环，产生更积极的影响。

向上、向善：行动中保持向上、向善的原则，通过一致性的思考和行为营造积极的氛围，提高工作和生活的效能。

3. 思想、行为和体验相融合、校正、提升：螺旋式上升

综合融合：将思想、行为和体验相互融合，形成更为完整的个体发展模式。在实践中不断校正、调整，实现个体发展的螺旋式上升。

实践中多听取他人的意见、建议，学会将意见、建议中的事实即决策的素材和对方的观点、态度做区分，同时能够系统地复原他人的站位和言行的关系。这样，我们就可以基于自身以及共同目标来对信息反馈进行取舍，做到既不固执己见，也不偏听偏信。

体验提升：通过不断地实践和反思，提升个体的体验水平。体验的提升反过来又影响思想和行为，形成良性循环。

4. 方法："2+3=5"

在实际行动中，我们可以借助"2+3=5"的方法路径，即以"两个方向"引领，"三种态度"支撑，最终落实到"具象五问"的具体实践中，帮助我们持续走在向上、向善的道路上。

其中的2，是向上、向善：在做每一件事时，自问是否朝着向上、向善的方向努力，保持积极正面的态度及与目标相一致。

其中的3，初级的三件事包括：我的事，全力以赴；他人的事，尊重理解；老天的事，顺应臣服。而高级的三个态度包括：面对、臣服、迁善。用勇敢地面对现实问题、自信地臣服于自我真心，对自己忠诚、负责任地迁善于实践规律的三种态度，在行动中更好地解决问题和实现目标。

具象五问：我是谁？我的目标是什么？做/做到什么？效果怎样，是我以为的吗？如何调整？

5. 自省时间晋级阶段

初级：每天晚上进行简单自省，用五问复盘总结一天中的思考和行为是否匹配身份、目标、行为、效果的做事逻辑，如何改进。

中级：每件事后进行自省，深入分析每一次行动，在身份、目标、行动、效果这成事四元素之间寻找改进的空间。

高级：在思考之后行动之前进行全面审视思想、行为和目标；做事中保持觉察、自省；事后复盘，对比和计划是否有出入以及背后的原因，实现更高层次的自我提升。

多行动并非只是追求外在的成功，更是一种内在的成长，是一个内外兼修的过程。只有在挑战自己、走出舒适区的过程中，我们才能真正发现自己的潜能，成为行动中的巨人。

每一次的努力、每一次的尝试，都是雕刻自己生命的痕迹。多行动让我们看到，生命的真谛蕴藏在实践中，只有不断奋斗，才能在岁月中成就卓越人生。

常自省：凡事向内求

人生是一场不断思考与行动的旅程，自省是这段旅程中最重要的修行。它让我们在喧嚣中回望自我，于实践中觉察得失，在纷繁复杂的现实中保持内心的清明与方向。

真正的成长，从来不是改变世界，而是改变自己。洞悉内心的局限，超越惯性的思维反应，是每一次内观的重要意义。正如《心经》开篇所言"观自在菩萨"，意指内观自我以求开悟，达到自在境界。人生成长的路径是内观自省，影响他人，贡献世界。内观自省是根基，通过自省，我们认清并改变自己，避免落入惯性思维的陷阱。

人生三境界，亦是自省的三个维度：

从以自我为中心走向理解外部世界；

从被动应对现实走向意识投射与责任自担；

最终，即便看透世界真相，依然选择热爱并积极回应。

常自省、带着刹车前行、凡事向内探求，是通往成长与自由的关键。通过自省，我们认清自己，改变执念，避免在同样的问题上重蹈覆辙，从而在人生的旅途中不断调频、精进、拔高，不被惯性束缚，也不被情绪左右，实现真正的自我超越。

日常自省：理性与惯性思维的对话

理性思维，这一植根于逻辑、事实与推理的思考模式，是日常自省中的宝贵指南针。它助力我们剖析问题，提炼经验，构筑清晰的认知框架。通过理性地审视自身行为与决策，我们能更深刻地洞察自己的动机与目标，及时捕捉并修正潜在的偏见与谬误。

然而，惯性思维这一遵循既定模式的思考习惯，却常常成为我们认知的枷锁。在自省的过程中，它可能会遮蔽我们的视野，让我们片面地解读问题，进而扭曲我们的决策与行动。

记得有一位焦虑的母亲曾向我求助，她的高中生孩子放学后总是沉迷于手机，对学习置若罔闻，母亲的善意提醒只会换来孩子的抵触与反抗。这个问题持续很久，而母亲始终未能意识到其教育方式的无效性，一直沿用旧法。当我建议她尝试转变策略，更多关注孩子的生活而非一味催促学习时，她虽感困惑，但仍决定改变。最终，母子关系得到了显著改善，孩子玩手机的时间也大幅减少了。

打开症结的关键是关系，和谐的关系是一切教育的基础。若母亲执着于那些看似正确却破坏了亲子关系的教育行为，自然难以取得效果。家长们为何会重复这种正确却无效的行为呢？因为他们往往认为孩子不懂事，需要自己的提醒才能自律。然而，孩子真的不懂吗？难道只有孩子缺乏自律吗？

事实上，当我们缺乏自省时，就容易陷入思维惯性，无视更多事实，因主观过度而忽略逻辑与真实感受，更无从谈及遵循规律。此时，即便问题反复，他人的任何言行都可能被我们曲解为狡辩、狭隘、不负责任或不懂事。事实上，这些标签同样适用于我们自己，只是我们浑然不觉罢了。唯有挣脱惯性的束缚，发现真相与规律，我们才能调整自我，以更高效能的方式行事。

在自省的过程中，我们可以运用"2+3=5"的方法，尝试做如下练习：

1. 想不清楚，说不明白，写不出来——总结、提炼、逻辑、抽象、具象

在自省过程中，我们常常会遇到思维混乱、难以清晰表达的情况。这时，我们可以先通过"五问"梳理、确定问题，再通过总结、提炼，进行逻辑分析，将抽象问题具象化。例如：不负责任，发生了什么具体的事情让我们有了这个结论？通过对具体明确的事情进行梳理，才能让复杂的问题变得清晰。

2. 根据上面的提示内容，结构化管理自己的思绪——身份、目标、行动、效果相匹配

在现代数字文明下，自省对人的要求更高，不再是局限于固有的思维认知轨迹中的自省，而是突破固有模式，结构化地管理思维和行为的自省。

通过借鉴曾子的"三省吾身"法则，我们从与人相处、交友信任、学习传承等方面展开自省。

与此同时，一些具体、琐碎的事也会不断干扰我们的日常。那么，我们就把这些事物和它们产生的影响梳理一下，放进大目标中，就容易总结、提炼出抽象的理念或概念。

在自省的过程中，运用理性思维的视角，将自己的日常言行结构化管理，具体的操作是将日常行为内容按照身份、目标、行动、效果进行分类，并将其放入做成事的思维模型的相应位置，再把默认的要素补上。例如，在教育孩子时，妈妈可能不会先说"我是妈妈"；在分配工作时，总经理也不会先说"我是总经理"，然后再下达任务。同样，在家说话时，我们一般不会先说"我在家呢";在学校、单位或公共场所,我们也不会刻意提醒自己身处何地再说话或做事,这些都是默认存在的要素,但往往容易被忽略或遗忘。然后,我们可以用"2+3=5"的公式来衡量一下。

审视自己的动机和行为,同时站在目标或者共同目标的高度跳出惯性思维,寻找新的思考路径。通过对问题的深入思考,形成对自己行为和决策的全面认知,并据此进行调整和改进。

3. 做事多复盘

将那些具体明确的事,尤其是重要的事,按照时间顺序、不同的角色多线索地将过程用文字或图表等梳理清楚并整合到一起,这样能多视角、系统、全面地看问题,从而具备自觉发现问题的能力。这是因为,如前所述,人在同一时间的思维只能聚焦在一个点上,而复杂事物往往是多维度、多角色分工协作的,这就容易造成思维上的顾此失彼,从而在选择和决策时出现疏漏或失误。在复盘的过程中,我们可以将不同的线索和身份以时间为顺序逐一记录下来,就像拼图一样,把它们都呈现在同一平面上,类似于思维沙盘,使我们可以跳出自身的局限,俯瞰事件的全貌,使我们能够更加完整、全面地看清自己和各相关的人在事件中的位置、角色、作用乃至效能。

自省并不需要建立在多么宏大的事件上,反而是那些琐碎的日常中更能隐藏自己的惯性思维,每一次自省都是一次向内深度挖掘的过程,曾子的"三省吾身"之言传承至今,依然具有现实意义。通过具象复盘的指引,我们能够在生活的迷雾中找到清晰的路径。

持续精进:成功的你必将感谢现在的自己

持续精进是通往成功的不二法门,就如同《劝学》中所言:"不积跬步,无以至千里;不积小流,无以成江海。"这句千古名言道出了成功之路的精髓。成功的过程往往是由许多微小努力的积累所构建,而持续精进则是赋予这些努力以无限的力量。

持续精进——通往成功的关键路径

在本章前面几节中,我们所讲到的每一条日进一步的方法都需要持续训练和精进,这样才能实现从量变到质变的跃迁。

持续精进意味着不断积累,把我们前面讲到的客观、理性的思维模型"2+3=5"训练成自己做事的思维。这个训练可以随时随地进行。

尤其现代人的生活节奏快,获取知识的手段和渠道更加直接、快捷,例如听书、视频等。与此同时也会带来一些问题,比如碎片化会破坏系统性和专注力。用上述拆书的方式可以起到适度的弥补作用。再如,我们看到一个情绪价值很高的视频片段只有两分钟,我们可以思考这两分钟里表达了什么观点?是否有素材支持,素材的完整性够不够?这种反常甚至奇葩的情况是不是还有其他情况或者原因等。用"2+3=5"的公式衡量一下,就会发现一些视频之外,发布者没有表达或者不想直接表达的意图,至少可以透过他的内容折射出作者的思维效能。

于是，我们被视频调动的情绪可能就更趋于理性，要么自己梳理内容的逻辑性和完整性甚至去自行做功课补充，要么静待后续发展。浮躁的社会、浮躁的人群中也充斥着浮躁的内容，扰动人心，无论是书籍还是资讯都会良莠不齐，令人眼花缭乱，其中的垃圾也很多。拆书、自省都是我们在纷繁的社会中不被消耗，持续精进自己的好工具。

我们在大学生训练营的一个同学曾分享过类似的收获：我发现自己更智慧了，再遇到这类网络事件就不容易被带节奏，即使出现反转也没那么容易受伤或者情绪激动了。

在一个技术无所不用其极，流量为王的环境中，文案可以生成，图像可以生成，甚至视频也已经实现了文生视频了，我们眼见的世界越来越魔幻。但是，你的分析能力无法被替代，你体验生命的感受无法被替代，所以你必须掌握守住自己本心的方法和探索世界的核心工具。否则，你就会被消费、被卷、被数据化，成为纠结、焦虑、迷茫的工具人。

回过头看本章分享的几个方式，在生命的律动中，我们踏入了常运动的舞台，用坚实的步伐诠释着活力与健康的节奏。在书海中，我们驾驭着文字的风帆，翱翔在知识的海洋中。多次行动，多次交流，多次分享，成为我们成长的每一个烙印。在自省的时光里，我们审视自我，持续精进，感悟着人生的深邃内涵。

我的一位企业界的朋友自从参加了具象法则的学习和训练，持之以恒地撰写具象日志。当时，我们要求学员必须连续记录21天，他不仅圆满地完成了任务，而且从此笔耕不辍，将具象日志与自己的工作紧密结合，进行了更为精准的改良。在这一过程中，他也从一名创业者蜕变为上市公司的总裁。事实证明，记录与书写事件细节是行动启航的第一步，而坚持撰写具象日志则是对持续行动的忠实记录。

与目标管理不同，后者更侧重于效率和结果，却可能忽视了在实际操作中向内审视的重要性。同样，时间管理虽强调时间的充分利用，是一种加法思维，但具象日志则专注于对现实与效能的深刻觉察。从这个意义上说，它更像是一种减法，鼓励我们为人生留白，给予自己更多的思考与成长空间。

此外，具象日志不同于传统的记日记。记日记往往是在既定的思维框架内，或记录事件，或抒发情感，或进行自我反思，尽管文笔可能深邃，但局限于惯性思维之中，缺乏站在更高维度上的自我审视，难以实现认知的升级与突破。若你能坚持记录一个月的具象日志，一定会有意想不到的收获。

大家可以参考表4-2的日志模板，按照时间顺序将所做的事情进行结构化记录：

表4-2　具象日志模板

时间日志					
日期		主体/身份：			
目标	目标1： 目标2： 目标3：				
角色	开始时间	结束时间	行动	效果	思想启发
今日总结					

过去近二十年的实践规律告诉我们：在持续精进的路上，人们会在一周、一个月、三个月、半年、一年、三年、五年、十年等时间节点上经历变化。这种变化因人而异，或早或晚，但大体上遵循这一时间规律。然而，这些节点性的变化都有明确标志性事件印证。

认知升级的改变不可逆，也将在强者的生命乐章中奏响更加绚烂的旋律。你终将感激自己每一步的坚持。

简单练习，成事在望

时间日志					
日期		主体/身份：			
目标	目标1: 目标2: 目标3:				
角色	开始时间	结束时间	行动	效果	思想启发
今日总结					

说明：

结合自身的目标，每日开始写记录日常行动吧！

PART 5

五福人生

—— 幸福是行动的隐形主线

在功利主义盛行的时代，人们总是迫切而盲目地寻求那些与众不同的知识、经验、方法，希望通过这些独特的资源来摆脱物质和精神层面的平庸状态。然而，人们忽视了一个事实：那些脱离平庸的人，恰恰是遵循一切朴素原则的人。

在我看来，越简单的事物，内涵越深刻，而时间是能够让我们体会这种深刻性的依托。

最终，你会发现，真诚地面对自己，实际上有两层含义：一是说话做事言行一致，对人真诚；二是时刻觉察自己的起心动念，勇敢面对真实的自己，诚挚地接纳自己的全部，做到对己真诚。

同样，知行合一在向外求上表现为知道做到，通过做事树立的目标能够引导我们不沦为无目的、随波逐流的浮萍；用做成事来校正自己对事物、做事和做成事的规律的验证。这是一个外求的过程。而在另一个层面，做成事则为我们提供了觉照的机会，让我们向内审视，觉察自己的起心动念，从而获得生命的觉悟，为自己打开通往内心深处真我的大门。做事不过是生命游戏的道具，借助事上磨炼，做成事来突破惯性思维和认知铁三角的束缚，丰富了我们生命游戏的体验，让我们在喜怒哀乐、爱与慈悲中领悟致良知。

在这趟人生旅程中，唯有持续明辨笃行，事上琢磨，坚持实践，才能真正幸福地走在知行合一、心想事成的路上。

向死而生的历练——自在安心、与爱同行

我们学习具象法则、学习做成事成功模型不仅仅是为了提升自我思维认知，更重要的是这个升级之旅让我们的生活更幸福，使这个游戏的体验丰富而美好。我们无一例外都会走向人生的终点，站在终点，每个人都将毫无羁绊地面对过往，回归真实，回首往事，你觉得自己过得幸福吗？

那么，在你的心中，什么才是幸福呢？

一切幸福的根本是安心——我选择、我愿意、我开心、我快乐

在不同的身份角色中，每个人对于幸福都有独特的定义和标准。从做成事的角度来说，幸福是目标达成的效果之一，是行动规划的隐形主线。这种幸福并非抽象的概念，而是在实践中逐渐呈现的一种愉悦和满足。

关于获得幸福的正确路径，它并非一个僵硬的方程，而是一个灵活多变的过程。在这个过程中，每个人都有着独特的选择、愿望、开心和快乐，这构成了一切幸福的根本——安心。

1. 我选择

选择是获得幸福的重要一环。我们的行动方向取决于我们的选择。如果我们选择的是符合内心真实需求的目标，那么实现这些目标一定是一个必然的结果，剩下的就是时间和持续行动的过程，过程中的开心和快乐就

会更为持久和真实。

2. 我愿意

愿意承担并付出，是获得幸福的关键。每个目标的实现都需要一定的付出和努力，积极地面对困难和挑战。本书中多次提到"我愿意"，这恰恰是幸福的底色，无条件地接受即臣服，幸福地接受就是悦纳一切，就会增加幸福感。

3. 我开心

开心是幸福的一个维度。目标达成后带来的不仅是结果本身，更是实现过程中获得独特体验的快乐和满足感。如果我们在实现目标的过程中保持对所有经验悦纳，那么幸福感会更为持久。在目标达成的路上，我们每个人都可以开心地做烦心事。

4. 我快乐

当我们的选择、愿望和开心都融入目标的实现中时，快乐也将如影随形。这种快乐不仅来源于外部的成功，更重要的是这个过程丰盈饱满了属于自己独特的人生体验，带来了内心的豁达、安宁和满足。

这种历练如同在游戏中升级打怪，总是可以像拥抱游戏结束一样洒脱、淡定，那便是安心。

每一次困境都是一个怪兽，每一次成功都是一次蜕变。在幸福的旅程中，我们因战胜更大的挑战而不断成长，更深刻地领悟生命中风雨与彩虹的真谛。站在生命的终点，审视打怪升级的历程，得偿所愿，那便是发自内心的快乐。

有一位老人，在不到七十岁时被确诊患有肺癌，需要立即住院接受治疗。然而，他却拒绝过度医疗，因为他想用剩下的时间陪伴老伴儿，去完成她年轻时的梦想。他们一起去黄山旅行，一起乘邮轮去美国，这是他们第一次一起出国。在旅途中，老人的状态特别好，他们还一起去看望了老同学、老朋友。在生命的最后时刻，他开心地笑了。他告诉爱人："我虽然不能再陪伴你了，但你要开心！我虽然没有接受手术，但我的生命质量却高了很多。这两年，你和孩子没有因为照顾我而受累，你们的生活质量也高了很多。"

另一位老木匠老李师傅，已过花甲之年，却依然投身于中国古建的传承与再生项目中。然而，在项目过半时，他也被确诊患有肺癌。面对这样的困境，他深知如果自己倒下，项目将会中断，甚至可能半途而废。最后，他决定一边接受治疗，一边继续工作。最终，他完美地完成了项目。

这些故事告诉我们，向死而生的历练并不是逃避死亡，而是在有限的时光里寻找生命的真谛。无论是选择陪伴爱人，还是坚持理想，他们都在面对困境和挑战时，选择了带着困难，甚至是病魔，积极地迎接，从中汲取力量，体验生命的意义，收获人生的馈赠。

我们熟知的张海迪女士虽然高位截瘫，经历了常人无法想象的磨难，却活成了一道光，照亮了自己，温暖了别人。她的每一个勇敢的脚印，都是通向幸福道路上的一次升华。

其实，在向死而生的历练中，人生幸福不是一个遥不可及的梦想，而是在每一个选择和经历中打磨出的智慧伙伴，表5-1中有几条实际的建议，可供大家参考：

表5-1 通往幸福人生的几条建议

明确自己的目标和价值观	在生活中，明确自己的目标和价值观是实现幸福的基础。通过对生活细节的深入思考和自省，找到兴趣和热爱所在或真正对自己重要的事物，并为之努力奋斗
坚持尊重事实原则	以我们前面所学的原则作为判断事实的依据和理论基础，遇事时不要陷入思维加工的迷局中。一个人只有先看得清醒，才能活得明白
坚持向上、向善的处事原则，培养乐观心态	面对生活的曲折和困难，培养乐观的心态是关键。把困境视为挑战，从中寻找成长和学习的机会，能够更积极地应对各种情境
保持身体健康	幸福的基石之一是身体健康。通过良好的生活习惯，包括合理的饮食、充足的睡眠和适量的运动，保持身体的健康状态。学会感受觉察身体的各种信息，时时自我检修、调理
学会处理烦心事	生活中难免会有一些烦心事。老人们常说："人生不如意之事十之八九。"但学会以积极的心态面对，发掘事物存在的正面意义和积极性并寻找解决问题的方法，能够在处理问题时站高一线，用升级打怪的心法使心情变得更为愉悦
多交流、多分享	与他人建立融洽的关系，分享自己的经验和感受，也主动聆听他人的分享，获得彼此更多的支持和理解，从中体验到相互的尊重和彼此的共鸣和温暖，能够在人际交往中使人感到舒服。分享幸福，幸福会加倍；倾诉苦恼，苦恼会减少
持续学习与成长	通过不断学习，提升自己的认知水平和技能，实现个人目标和认知的不断跃迁，能够为人生增添更多的意义和满足感
定期进行自我反省	定期进行自我反省，审视自己的生活方式、目标是否与内心的需求相符，及时调整和优化生活规划

这些建议或许能够帮助你更好地带着幸福面对生活，当然，每个人的情况和选择不同，建议根据个体情况进行灵活调整。通过积极的行动和思考，选择幸福地历练，在生活的曲折中寻找成长的机会，以开心的心态去拥抱每一个挑战。让我们珍惜并感恩每一个瞬间，用爱和幸福去治愈生活中的一切不如意。

人生的顶级配置——人生五福

"幸福"有多重含义,它是顺境时的豁达,是长期存在的平和、舒适的精神状态,每个人对幸福的解读都不一样。倘若给这个有点抽象的概念赋予一个具象的意义,我想"五福人生"或许就是我们终其一生都在追求的"顶级配置"。

通往你的五福人生

五福,即长寿、富贵、康宁、好德、善终。这五福合起来就构成了幸福美满的人生,这也是我们这本书所讲到的付出所有行动的终极目标,如图5-1所示:

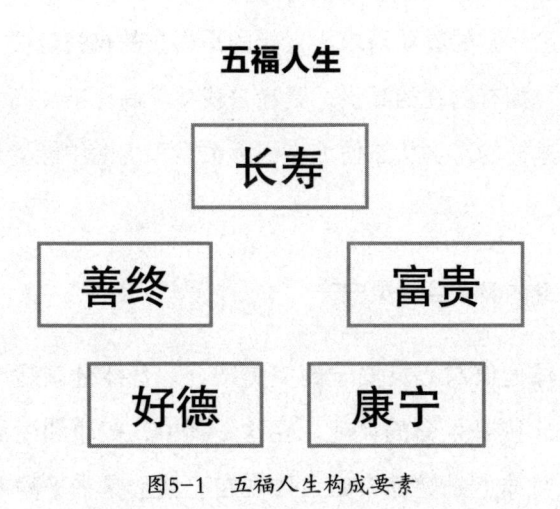

五福人生

- 长寿
- 善终
- 富贵
- 好德
- 康宁

图5-1 五福人生构成要素

下面我们分别来解读五福的具体含义：

1. 长寿：命不夭折且福寿绵长

长寿是五福之首，代表着命运的延续和福寿绵长。长寿是人生命状态的一种直接体现，是生命体验丰富的客观参数，是享受人生、创造价值、对社会贡献的标尺。

追求长寿不仅是对生命的珍视，更是对健康的呵护。早睡早起、适量运动、戒烟戒酒成为实现健康长寿的重要因素。每个人都要结合自身的实际情况，找到适合自己的健康之路。例如，我们提倡早睡早起，很多从事文化和艺术创作的人士更适应深夜工作，夜里更有激情，也不必勉强自己刻意改变，因为真正的长寿不仅仅是身体的寿命，更在于内在的心态。长寿者中任何一个健康的习惯都有反例，而乐观、豁达、开朗才是长寿老人的共同特质。积极的情绪和对生命的积极态度，才能让人活得好、活得长。

2. 富贵：钱财富足且受人尊重

富贵不仅是生活富足，还有内在的优雅和高贵。富指的是外在钱财富足，满足了自己一定的物质需求。贵指的是内在的自我定位，独立思考和精神上的充实。拥有内在的高贵，是在自我要求高标准和高认知基础上对自我的尊重。这样的富贵状态使人在人际关系和生活中能受到更多的尊重和认可。

3. 康宁：身体健康且心灵安宁

康宁是身体健康与心灵安宁的完美结合。身体健康是幸福生活的基石，而心灵安宁则是生命的灵魂。在这一福中，健康和生活的平静相辅相成，体现在身体上是健健康康，体现在心情上是平平静静，没有闹心事。身体的健康和内在的宁静共同构成了真正的康宁之福。

4. 好德：心性仁善且宽厚宁静

好德是指心性仁善、宽厚宁静的境界。在五福之中，好德代表着优良的品德和高尚的道德观念。它超越了自身阶层对物质的追求，更是对内在精神生活的追求。仁善的心性、宽厚的为人、恬静的心态是构成好德的重要元素。通过培养这些品德，我们会在日常生活中表现得更有涵养、更乐于助人、更宅心仁厚，如此才能在社会交往中更好地与人相处，受人敬重。在现实生活中，拥有了前五幅的人更容易做到"好德"。所谓人到无求品自高。

5. 善终：无遭祸病且安详寿终

善终是指在生命的尽头，无遭祸病，安详寿终。这是人生最终的大福报，是一个完整生命的圆满结束。无病无灾，生逢盛世，作出贡献，没有遗憾，是对个体生命的最好祝愿。在人生升级打怪的游戏中全力以赴，走到终点了无牵挂，这也是对全面幸福生活的最终呈现。人们对美好生活的其他追求都是幸福的加分项。

实现人生这五福看似很难，实则并非不可实现。这让我想起了在我学生时代的一个真实事件。

故事发生在一个小镇上，有一位名叫王宗福的老者。他虽然家境一般，却儿孙满堂，家庭幸福。即便老伴过世了，他也一直以乐观的态度生活，不抽烟、不喝酒，年过七旬，却依然精力充沛。

他每天都坚持劳作，保持早睡早起的作息习惯。

他还格外重视村里的邻里关系，每次村里有人生病或遇到困难，他都会主动前去探望，送上慰问和帮助。无论谁家有红白喜事，他都主动帮忙，从不惜力。他的正直和热情得到了村里人的认可，谁家有事都会去找他。面对村里的矛盾和纷争，他总是能以平和的心态公正地去化解。渐渐地，他成了村里公认且受人尊重的话事人。

王宗福还在村里建立了一个小小的互助会，类似于我们理解的慈善互助基金，用于帮助那些贫困的家庭渡过难关。他的善行和仁德使他受人敬重。

在他晚年时，村里人都以他为榜样，认为他的幸福生活源于他为人豁达，对坚持劳作、身体健康、仁德品德、宽容心态的坚持。有一天，他对来看他的孩子们说："明天就不用来了。"第二天，人们发现他已安详离世。整个村庄的人都为他送行，并送上了深深的思念和最深切的祝福，大家都认为他是一个真正拥有五福人生的典范。

五福人生是一个综合而完整的理念，它兼顾外在财富，强调内在精神富足。每个人都可以通过培养良好的生活习惯、善待他人、学会宽容与感恩，来追求这份真正的幸福。

在人生的旅途中，我们或许会面临困境，或许会经历风雨。在面对挫折时，有五福人生的主线引领，用心经营自己的生活，珍惜每一个瞬间。当我们回首过去，或许我们会感谢曾经的艰辛，因为正是这一切，让我们拥有了真正的幸福。五福人生，是一种状态，一种智慧，更是一种境界。

五福人生并非高不可攀。通过坚持良好的生活习惯、培养优良的品德和心灵富足，每个人都有可能拥有长寿、富贵、康宁、好德、善终的幸福人生。这一切并非奢求，只需在平凡的日子里用心对待自己和他人，便能收获五福的丰盈人生。

重新定义成功：在平凡中绽放真实的光

现如今，有不少人因为觉得自己不够成功，而缺少幸福感。然而，大多数人对成功的定义已经缺少独立的思考和认识，会被世俗化定义、被名利所裹挟，似乎只有有钱、有社会地位才算成功。然而，真正拥有金钱和地位的人往往又会迷失在追逐名利的路上，感受不到安宁的幸福。

成功不仅是看最终成就，更在于成长的过程

说到成功，很多人的第一反应是光宗耀祖，建功立业。这其实是对少数在普通人群中做出突出贡献的人的外在描述，其本质是强调个人对社会的贡献与价值。光宗耀祖只是个人价值在社会贡献上的一种附加色彩。如果我们忽略了本质，剩下的就只是虚空表象的色彩了。

随着时代的变迁以及个人主义和成功学的涌入，使许多人开始拒绝平凡。我们常常用当下社会形态的物质化的表象来衡量成功，似乎只剩下金钱和物质，人们甚至舍本逐末地将成功等同于金钱和名声。

其实，对于成功的定义，不同的人有不同的见解。

1. 成功是阶段性的

人的生命是一个不断发展、演进的过程，每个阶段都有独特的目标和挑战。因此，我们可以将成功看作是在不同生命阶段中实现与这个阶段相

匹配的目标。这种视角使成功更加灵活，更符合实际情境。曾经富豪榜上的风云人物可能因为资金链断裂而身陷破产；曾经的明星偶像可能因病魔缠身而失去光环，或因私德丑闻而形象崩塌；曾经身体羸弱的孩子也可能成为世界冠军；犯过错、遭遇挫折的人也能为社会创造价值、作出贡献。所以，我们要用长远的眼光来衡量人生的成功与失败，人生的马拉松更像山地越野，起起伏伏，走过的一切都是过往，人都是盖棺论定的，不到终点所有的结论都为时过早。

2. 成功是相对的

成功，这一概念因个体而异，深受价值观、兴趣及抱负的影响。它摆脱了外部标准的束缚，转而聚焦于个人的内在追求，允许每个人根据自身意愿来定义并追寻成功。每个人都是独一无二的，不需要与他人比较，也无法比较；榜样仅供学习与自我丰富，而非复制的对象。

成功亦是相对且动态的，随着时间的演变而不断变化。企业家李宁在公司上市后坦言，他更珍视作为体育运动员的成功——世界冠军的身份永恒不变，而企业经营则充满变数，市场与用户的变化要求他时刻保持警惕，如履薄冰。

3. 成功是与身份定位相匹配的目标达成

在当今社会，我们常常肩负着多重身份：既是职场上的奋斗者，又是家庭中的重要成员，同时还是朋友、合作伙伴。这些不同的角色要求我们能够在各种身份之间灵活转换，既要保持内在的连贯性，又要实现外在的平衡。这无疑对时间与精力的分配提出了更高的要求，也促使我们培养更强的身份转换意识。

许多人错误地认为，只有经历痛苦与磨难才能取得成功，仿佛"吃得苦中苦，方为人上人"是通往成功的唯一途径。然而，如果一路走来只有痛苦而毫无愉悦，即便最终抵达目标，也很难说这是真正的幸福。成功与幸福并非相互对立，而应携手并进。在追求目标的道路上，幸福感不仅是前进的动力，更是过程中的珍贵馈赠。

归根结底，成功不仅关乎最终的结果，更在于追求过程中的体验、成长与意义。那些挑战与奋斗，不应被视为沉重的负担，而应是赋予我们担当与愉悦的源泉。人生终将走向终点，唯有在追寻幸福的过程中积累的情感、影响与价值，才能构成一个真正丰盛、充实的人生图景。

这让我想起了北京二叔的故事。

提及二叔，我的思绪便飘向了那位已步入耄耋之年的老人。他出身于一个书香门第，家中兄弟姐妹众多且都才华横溢。然而，在这样一个循规蹈矩的高知家庭中，二叔却独爱美食，最终成为一名厨师。

在那个厨子的社会地位并不高的年代，二叔无疑成为家族中的异类，但他并未因此而动摇，反而凭借自己的热爱和才华，在美食的道路上越走越顺畅。他娶了漂亮的妻子，生活过得美满幸福。

二叔与对门李家小叔是发小。在那个物资匮乏的年代，他们常常聚在一起研究做菜的心得，分享美食的快乐。二叔的厨艺让小辈们崇拜不已，他做的金丝卷、银丝卷更是让大家一想到就直流口水。

然而，二叔并不只是一个美食爱好者。改革开放后，他又自学了法律，考取了律师证；还学习了经营管理，并成功当上了饭店的经理。

在胡同的小辈们眼里，二叔就是妥妥的人生赢家、成功人士。他退休后被饭店返聘，一直干到古稀之年才停止工作。尽管李家小叔因为工作留在了外地，但每次回京探亲，他们老哥俩都要约在一起看京剧、做饭、叙旧聊天，享受那份难得的好时光。

后来，两家的老人只剩下二叔和小叔。虽然他们异地相隔，难得一见，但二叔依然会为了看望老朋友而坐上高铁，带上豆汁和咸菜丝，只为与老朋友共度一段欢乐时光。二叔常说："人生无悔更无憾。"他的生活态度和对友情的珍视，让我们深感敬佩。

二叔没有什么丰功伟绩，也没什么巨额财产，至今住在南城的老胡同里，却是妥妥的人生赢家、成功人士。二叔选择了自己的热爱做职业，遇上改革开放的经商热和之后的收藏热，虽有家学都没动摇自己的选择，在国企饭店干到退休，再被返聘，事业成功，家庭和睦。还有与发小之间长达八十多年的长久友谊，关键是两个人还有共同的爱好。这样的人生怎么不算成功呢！

真正的成功，是与身份定位相匹配的目标达成，是在向死而生的历练中，以宽厚宁静的心态面对每一个选择，最终实现身心合一的幸福。

在这个"拼爹""内卷"盛行的时代，我想对天下焦虑的父母，特别是那些望子成龙、望女成凤的家长们说："请放下过度的期望，理解成功的多元性。"

科研确需天赋，若你的孩子是学术型人才，即便不去刻意培养，他也终将成长为国之栋梁。若你的孩子是如二叔般独具烟火气个性的普通人，再深厚的家学与基因也无法阻挡他挥洒人生，活出自我。对于学术型的孩子，当他展翅高飞时，我们应保持健康，不给他增添负担，无怨无悔地为国家培养栋梁；对于普通的孩子，我们同样应保持健康，与他相守家园，享受母慈子孝、充满烟火气的幸福生活。无论哪种成功，孩子的身心健康都是最重要的，否则他们将无法承担未来的责任。

当今社会，多数家庭已不需要让孩子过早地承担工作以补贴家用，那就更不用忧虑孩子求学之路上的时间差异。让我们珍惜这段孩子求学的宝贵时光，这是他们成长旅程中最为珍贵的家庭记忆。孩子们已渐渐长大，不再需要幼儿时期的悉心照料，他们变得懂事且易于沟通；同时，他们尚未完全成熟，对人生、爱情及世界满怀希望与憧憬，既自信又夹杂着些许忧虑与恐惧。此时，他们更需要我们的关怀、支持与引导。切莫急于求成，而是与他们一同成长并享受这段无忧无虑的美好时光。

我们之所以常常提及普通人的故事，是因为在惯性思维的影响下，成功案例虽屡见不鲜，却往往掩盖了平凡生活中的磨砺与伟大之处。世上的成功形态各异、千差万别，而生命的成功则在于朴实无华地过好每一天，时时保持安心与自在，这才是我们真正追求的幸福与成功。

父母的认知水平，是孩子成功之路的起点

在这个加速变革的时代，父母的认知边界往往决定了孩子看世界的起点。有些人对人工智能与未来充满焦虑，仿佛它是洪水猛兽，会抢走我们的饭碗。但事实上，人工智能只是工具，而不是命运。它替代的可能是某些岗位，却也在不断催生出新的机会。真正的问题，不在于技术本身，而在于我们是否具备与技术共处的心力与脑力。过去汽车取代骡马，却创造了司机这一职业，也激发了更广泛的技能学习。由过去看未来，过度担忧无异于杞人忧天。

对于所谓的人才选拔机制，我们应保持清醒的头脑，帮助孩子找到自己的位置，发挥他们的长项。就像挑选跳水队员时，如果你的孩子是长跑选手或根本无缘成为专业体育运动员，你会因此而激动或焦虑吗？不如将体育作为业余爱好，岂不更好？别让与自己生活本质无关的妄念搅得家庭鸡飞狗跳，还要稀里糊涂地给贩卖恐惧和焦虑的人们送钱补课。

我们更不必过度担心孩子的未来，为他们殚精竭虑地设计、铺路。老人常说"儿孙自有儿孙福"，这并非宿命或放任，而是面对未知的自信

和淡定。我们之所以一边规划一边焦虑,是因为在过度高估人为力量的同时,又过度担心因未知的不确定造成的无措。没人能剥夺或替代他人的生命体验,人生就是一场体验。请放下过度的担忧和期望,让孩子自由地成长吧!

某地为了提升教育水平,从小学毕业阶段便开始选拔"学霸"进入特训班,并配备优秀教师进行专项培养。然而,这一举措却对两个孩子——妮妮和浩宇,产生了截然不同的影响。

妮妮,一个聪慧过人的女孩,原本成绩优异,但进入特训班后,成绩却开始下滑,甚至经常无法完成考试中的大题。原来,这是妮妮的小心机,她并不愿意进入特训班,她不想被题海淹没。对于妮妮的妈妈,我建议她尊重妮妮的选择。孩子有自己的智慧和判断力,如果她不想进特训班,那就没必要强迫她。妈妈可以告诉老师,孩子不参加考评,让孩子按照自己的意愿和节奏去学习。

而浩宇,一个努力向上的男孩,虽然成绩没有妮妮出色,但他对特训班充满了渴望。然而,他的成绩却不够稳定,这让他的家长感到十分苦闷。对于浩宇的妈妈,我建议她全力支持浩宇的努力。无论是找老师做学习方法评估,还是报辅导班提高成绩,都要尽力支持他实现目标。因为浩宇有自己的追求和梦想,我们应该帮助他勇敢地去追求。

面对两位家长的困惑,我解释道:每个孩子都是独一无二的,他们有自己的想法和追求。妮妮和浩宇都是有主见的孩子,因此我们应该尊重并支持他们的选择。如果妮妮将来后悔了,那也是她的人生经历,她要为自己的选择负责。而浩宇,无论他最终能否进入特训班,这都是他成长的一部分。全力以赴也不一定能得到一个结果,这是人生的常识。接受自己的能力有限，也是人生的重要一课。

其实，家长不能淡定从容地陪伴、支持孩子，大多是因为他们无法觉察自己的焦虑和压力。这些焦虑和孩子们的人生无关，却常常影响到对他们的人生选择和决策。很多家长以孩子太小不懂事为由，坚持认为他们需要被安排。然而，孩子们往往比家长更加了解自己且更通透，他们有能力为自己做出决策，我们应该相信他们，相信是能量，也是祝福。

我们需要有定力和能量过好每一个当下，努力、开心地生活。属于我们独特的幸福就在身边，而消耗我们当下的最大原因，往往是因为对过去事情的不满意而造成的对未来的担心。然而，我们忽略了一个真相：过去的思维决定了眼前的结果。如果我们对眼前的结果不满意，却仍然用原来的思维和认知来指导今天的生活，那么还是会重复过去的结果。

在这个"拼爹、拼命、拼天赋"的时代，我想和那些焦虑的父母说几句贴心话。

我们生活在数字文明的初期，这个时代，已经不再靠土地和金钱来定义人的价值。农耕文明靠"地"安身，血缘等级延续；工业文明靠"钱"迁移，视野拓展；而到了数字文明，真正驱动人前行的是"心"——人开始追问：我是谁？我想要什么？我为什么而活？过去几十年、上百年构建起来的经济学规律、管理理念乃至教育思想，都将被颠覆。

教育的意义，已从"训练技能"进化为"连接生命"。孩子不是"项目"，而是一个在体验中探索自己的生命体。在亲子关系中，谁有压力、谁有痛苦，谁就应该先改变。

我们也要明白：推动人类文明发展的，不是"求真"，而是"求存"。教育从来就不是标准答案，而是一次次在未知中摸索前行。家长的真正成长，是从控制孩子的未来，转向陪伴他们一起看见、一起经历、一起绽放。

说到底，父母的认知水平才是孩子的真正起跑线。一个心态稳定、思维清晰的家长，往往是孩子最强大的后盾。

强大的父母，不是为孩子铺满玫瑰大道，而是在他们选择走自己的路时，始终相信、理解并在后守护。强大，不在于能否预知未来，而是面对未知的定力，面对不确定时的从容。这来自智慧，而不是聪明。

所以，当你为孩子是否能进特训班而焦虑时，不妨先问问自己：我到底在担心什么？

成功，从不是一条跑道上的竞赛。真正的挑战，是当你的孩子"不是你期望的模样"时，你能否依旧毫无条件地爱他、支持他。

比如前面我们所讲的例子：家长遇到像浩宇那样努力、积极、渴望进入特训班的孩子，很容易全力以赴支持，因为孩子的方向与家长、与社会的价值共识高度一致；而像妮妮那样本来成绩优异却拒绝内卷的孩子，家长的心就开始动摇了。

这就是认知的考验：你是否能够接纳一个有自己思考、坚持独立选择的孩子，即便他的选择与你期待相悖？你是否能爱他原本的样子，而不是你期望塑造的样子？你是否明白，强行"纠正"孩子的天性，其实是在为他们的人格铐上"成长上的枷锁"。

我们为何执着地想"塑造"孩子？很多时候，不是因为孩子不好，而是我们对自己还不够满意。我们想用"他更好"来证明"我没错"。但教育的本质是激扬禀赋，是为"他成为他自己"而不是"成为我们的作品"。

面对这个日新月异的世界，我们该重新审视，究竟什么才是有价值的教育？我们是否愿意承认：孩子比我们想象得更清楚他们想要什么？如果我们始终用同一把尺子来评判孩子，无论他多么独特，都只能变成流水线上的"合格品",而非"唯一值"。这世界最值得讲述的,并不总是高光时刻的传奇故事。**很多真正打动人心的成功,其实藏在平凡生活的角落里——那些没有被高举,却依然灿然的"人间烟火"。**

其实,每位父母都希望孩子优秀,但更重要的,是孩子身心健康、活得有趣、有内在动力、有自我认知,这远远比任何"成功的外壳"重要。孩子最终能否成功与你今天焦虑与否并无必然关系,但他未来是否幸福却与你今天的态度密切相关。

很多家长会误以为:越早推进、越紧跟体制、越是高标准要求,越是对孩子好。可我们恰恰忽略了一个常识:"生活的本质是体验,而不是效率。""凡事争先,抢占资源和先机"恰恰是资源匮乏时代的后遗症,是看不见的惯性思维之手把孩子推上了"社会成功"的快车道。有些路,快了反而容易翻车。成功的本质不是跑得早,而是是否在自己的节奏里活出了精彩。

孩子有无限可能,家长也有无限成长的空间。

愿我们不再以爱和负责任之名,绑架孩子的人生;也不再以"为你好"的姿态,掩饰自己对未知的恐惧。把"少年强则国强"变成"我强则国强"更具现实意义和力量感。

愿我们都能拥有一颗柔软却坚定的心,在爱中守望,在尊重中放手,在理解中陪伴,在冲突和解决问题中共同成长。

愿我们在这个时代的风浪中都能成为自己故事里的主角,而不是别人脚本里的配角。

愿我们每个平凡的孩子都能活出属于自己的"伟大"。

内心强大的父母是孩子最大的福祉。每位父母都有责任且有必要使自己内心强大,不再控制孩子,而是成为他们的引导者和支持者。在今天这个充满变化的时代,我们需要的是面对未知的淡定和面对不确定性的沉稳。教育家陶行知先生说："教育即生活，生活即教育。"让我们在亲子关系中注入更多的真诚和理解，减少焦虑和套路。愿我们都能在这个人生的广阔舞台上，发现自己的闪光点，成为自己故事中的主人公。同时，也愿我们的孩子在我们的尊重和支持下，勇敢地追寻自己的梦想和幸福。

成为真正的强者——用生活的智慧去智慧地生活

随着社会的不断演化，仅拥有不卑不亢、不屈不挠的生命韧性与顽强的斗争精神已不足以定义为强者。人们的生命观、价值观、道德标准和底线都发生了很大的变化，因此，我们需要重新审视强者与强者的思维方式。

首先，需要明确的是，能真正成事的强者并非强势。强势与强者是两个完全不同的概念。

强势之人往往只是在姿态和气势上显得强大，而内心却可能空虚、脆弱。他们强的是势，借势，位置使然，掌握财富分配权，掌握社会角色晋升通道的话语权，所谓位高权重，别人的尊重和顺从是对位置的敬畏而非位置上的人，这种强势需要有自知之明；在亲情中，别人的默认是基于对亲情的依恋和珍惜，而非对某个人的强势。

领导的强势是某职位所带来的势能，一旦失去了职位，就失去了强势的基础。

亲人间的强势往往以牺牲亲情为代价，亲情耗尽，势必留下满身伤痛。

家长的强势往往源于自以为是的尊严和正确,实则掩盖操控欲。其代价是孩子的伤害以及孩子未来人生中漫长的治愈之路。随着孩子的成长,父母也会逐渐失势,进而感到失落。

人际关系中的强势往往是以关系的嫌隙甚至破裂为代价的。

公共关系上的强势会破坏社会的和谐,不仅无助于解决问题,反而可能以损害个人形象、尊严甚至信誉为代价。

所有强势的本质往往源于内心的脆弱和恐惧,担心失控。而真正的强者是内心深处有力量的人,他们能够勇敢地承担一切后果和责任。

那么,什么是真正的强者?

真正的强者:有内在的思维体系支撑

要想培养强者思维,我们首先要尝试摆脱弱者思维。

那么,如何分辨强者与弱者呢?

一句话概括:弱者心中都是"我",强者心中只有"事"。

弱者会将自我置于问题之上,常常受到自我意识的困扰。他们将自我放大,将问题看作对自己的一种限制或威胁。因此,他们的思维往往局限于自我保护和自我怀疑之中,无法有效解决问题或应对挑战。相比之下,强者则更专注于解决问题本身,致力于提出问题的解决方案,将注意力集中在完成任务上。

以下是强者思维具备的5个特性,这些特性不仅体现在个体的内在修养上,更反映在其行为和决策之中。

1. 自知之明

强者思维的第一特性是对自己有清晰而深刻的认知。这不仅仅包括对自身优点的认可,更涵盖了对自己缺陷的正视。通过深度自省,强者能够准确了解自己的价值观、信仰和动机,从而更加自信地面对生活的种种挑战。

2. 与时俱进

强者思维的第二特性是保持与时代同步的能力,可以自我更新迭代自己的认知。这意味着强者不仅关注当前的社会、科技和文化变革,更能灵活调整自己的思维和行为,以适应不断变化的环境。他们不会墨守成规,在选择决策时不会与新技术对抗,而是会更好地把握机遇,迎接新的挑战。

3. 真诚相待

强者思维的第三特性是真诚相待。人们往往普遍将其理解为以真实、坦诚的态度对待他人,建立良好的人际关系,并认为强者懂得尊重他人的观点,善于倾听,能够建立深厚而有意义的人际网络。其实,这些仅仅是表象,强者更为突出的是真实坦诚地对待自己!这使得他们可以在生命中以真我示人,展现出超凡的感染力。最为重要的是,他们很少内耗,能更加聚焦于目标的达成。

4. 处乱不惊

强者思维的第四特性是在混沌和不确定性中保持内在的平和与稳定,这使得他们可以冷静地处理复杂的局面,能够在混乱中找到秩序,保持冷静以应对挑战。这种沉着冷静的态度，使他们更有能力驾驭系统思维并制定有效的解决方案。

5. 内圣外王

强者思维的第五特性是追求内在的精神卓越和对外在世界的影响力。这意味着强者不仅有稳定的内核，也更加追求个人内在的卓越品质，如慈悲、宽容、正直，同时也在外部世界中展现出卓越的领导力和影响力。

创业初期，由于资金紧张，老牛的单位便选择了一家代工厂来生产产品。然而，经抽查发现，代工厂生产的产品浓度低于合同标准。尽管客户尚未发现，但老牛深知问题的严重性。他的合伙人得知后更是愤怒不已，欲与厂家对簿公堂。老牛经过冷静分析，认为打官司耗时耗力，还可能会影响产品供应和自己单位的市场声誉。

很快，老牛就明确了目标，即让代工厂交付合格产品，并弥补错误，防止再犯。他并没指责代工厂，而是直接与其老板沟通，以商量明年的生产排期为契机，展示合作诚意并相约见面。同时，他暗中咨询了律师，了解了相关的法律知识，做到心中有数。

会面时，老牛先和代工厂老板谈了增加生产量的问题，确保排期无忧。随后，他又展示了现场数据，揭示了问题之所在，还心平气和地和代工厂老板强调双方的声誉及未来的发展，并提醒对方心存侥幸心理的危害。他真诚沟通，未提索赔问题，仅要求补发合格产品。代工厂老板被老牛的诚意打动，痛快答应了加急补货，并承担了所有多出来的费用。

一周后，客户收到补发产品，对老牛单位的诚实和负责的态度表示赞赏，部分客户甚至立即决定增加订单。但老牛并未满足于此，而是迅速签约了另一家代工厂作为备选，确保供应链稳定。合伙人见老牛处理得当便尊重其管理决策，对其也愈发信任了。

老牛超越自己的职责，向上管理大股东合伙人；跨越企业自身的利益和职位限制，向外教练供应商的老板，不仅实现了自己企业的目标，还做到了合作共赢，展现出教练能力和非权力领导力的魅力。

真正的强者：有稳定的内核支撑

信息技术的革新促使管理结构向去中心化、合作共赢转型，这一变化深受新时代人力资源领域的欢迎。人们倾向于在企业或组织中通过合作与协作来达成目标，这如同人生进阶的挑战游戏。在此背景下，管理不再局限于传统的向下管理，更涵盖了自我管理、横向管理及向上管理。尤其对于管理者而言，除自我管理外，其他管理维度均对非权力领导力和教练能力提出了更高要求。

随着时代的发展，父母的认知水平已难以满足孩子成长的需要。未来智慧的父母将转变为教练型父母，以成就孩子有独立的思维逻辑和人格精神，培养其成为独立个体。教练的核心在于支持被教练者达成目标，这意味着父母不一定要强于孩子，而是要引导孩子自我成长。

教练型领导和教练型父母在做事层面不必事事躬亲，而是要更注重支持目标达成和效能提升，同时关注被教练者的心智成长，构建平等和谐的关系。

人可分为喜欢管人、喜欢被人管和既不喜欢管人也不喜欢被人管三类。管理的本质是管事，因事由人做而涉及管人。若管理者能专注于事而不评论人，管理将变得更为简单。管理者应关注事务本身，致力于解决问题、提升效率和实现目标，从而避免个人情绪或偏见的干扰，降低无谓的消耗。这依赖于强者思维的日常修炼，体现在非权力领导力上，即通过激励、启发和赋能他人来实现目标。

与专业技能教练不同，这里所提的教练能力更多指引导和启发的能力，旨在帮助他人发掘潜力、克服困难、实现成长。最终，强者展现出的是基于强大内心的非权力领导力和教练能力，具体如表5-2所示：

表5-2 强者的能力之一：教练能力

教练定义	以支持被教练者达成目标为目标的人。相信被教练者有能力解决自己生命中遇到的所有问题，达成他们想达成的任何目标
教练能力	聆听：倾听被教练者的需求和想法，理解其困难和挑战
	区分：分辨被教练者描述中的事实和思想，现在、过去、未来之间的关系，以及与四要素（身份、目标、行动、效果）的关联
	发问：基于区分出的素材和四要素的缺失提问，引导被教练者深入思考和寻找四元素的缺失并在平衡关系中寻找解决方案
	回应：基于四要素的客观性给予反馈，支持和引导被教练者的行动
教练禁忌	没有获得被教练者的承诺，教练身份不成立
	被教练者的目标挑战了自己的信念价值观
	违反法律和公序良俗的目标
教练步骤	用"2+3=5"通过客观问话、对话，帮助被教练者确定目标，制订出行动计划，并持续跟进至达成目标
	1. 厘清目标：确保目标符合三件事，并且清晰明确
	2. 反映真相：客观真实地发现和呈现现实条件
	3. 确立关系：再次确认教练关系成立，拿到被教练者肯定的承诺
	4. 行动计划：制订具体可行的行动计划，参考前述步骤
	5. 效果比对：基于事实、证据等素材，对行动效果与目标的关系进行比对
	6. 持续跟进：动态应对过程中的挑战，持续重复教练过程，调整计划，激励挑战
	7. 目标达成：总结、反思做事的细节；内省、觉察知行合一和致良知的空间

教练过程使用的核心技术手段：

挑战：使被教练者接受并攻克更高、难度的目标。

激励：激发被教练者的创造力和积极行动的意愿，使他们受到鼓舞并充满动力，愿意尝试，不畏惧，不退缩。

二者是向上、向善的应用。挑战偏重向上，激励偏重向善。

通过上述简要的概括，我们不难发现，教练能力和步骤也是"2+3=5"的延伸应用，所有操作都可以借鉴前三章的内容实现，并不复杂。

现在我们所讨论的强者，并非单纯指力量或地位的超凡脱俗，而是那些集强者思维、教练能力及非权力领导力于一身的复合型人才。他们不仅在思维的广度和深度上不断求索，认知水平超越常人，更以教练的专业智慧和洞察力启迪他人，同时以非权力的领导力影响并引领周围的人。

强者思维，是用系统思维铸就稳定的内核，在面对困境时的冷静与坚韧，是解决问题时的创新与灵活；教练能力，是助力自己和他人成长、挖掘潜能的艺术；而非权力领导力，则是凭借个人魅力、品质与智慧赢得他人尊重和追随的无形力量。这三者的完美融合，共同铸就了强者的本色。

因此，我们追求的不仅是表面的强大，更是致力于培养这种深层次的、综合的强者能力。唯有如此，我们才能在人生的道路上，无论遭遇顺境还是逆境，都能从容应对，成为真正的强者！

PART 5　五福人生 —— 幸福是行动的隐形主线

在人生的超级游乐场中，幸福地做到知行合一

人生就像一个超级游乐场，我们既然选择了在里面幸福地历练，就要带着幸福，开心快乐地去面对烦心事。

情绪是每个人与生俱来的反应，关键不在于压抑，而在于觉察与适度表达。掌握清晰高效的思维逻辑，并不是让人变得冷漠，而是为了在不被情绪所控的前提下，更有力量地表达内心，使我们的行动更具感染力，也更有幸福感。

然而，当下许多人逐渐丧失了对生命与自然的敬畏，这让他们容易陷入盲目与失衡之中。提升认知、增强行动力的真正意义，是让我们实现思想与行为的统一——知行合一。唯有如此，才能在多变的人生旅途中，走得更加坚定而从容。

知行合一：现实生活是最好的修炼场

知行合一强调理论与实践、知识与行动的紧密结合。这一理念认为，真正的知识应体现在行为中，通过实践来检验和深化认知，达到个人全面发展的目的。

心学大师王阳明指出"知"与"行"相互依存，真知必行，真行必知。他提出的"真切笃实"与"明觉精察"，通过具象法则思维模型得以实践。聚焦事实、确定性的素材，这些真切笃实的条件是行动规划的基

础,而在过程中留意即在行动中放慢思维,客观评估效果,这样的效果评估,对思维加工过程中的局限"明觉精察",这种审视的颗粒度越精细,觉察机会越丰富多元,在此基础上再调整行动,实现知行合一的初级阶段——"事上磨"。

前辈们的教诲揭示了一个真理:能成事者,非必学识渊博或财富丰厚,而是能在"闻道"后,无视外界冷嘲热讽,勤奋实践,真正做到知行合一。知是行的指导,行是知的体现;知始于行,行成于知。知行并重,不可分割,知而不行,非真知也。

我朋友的企业在本地行业中独占鳌头,但突如其来的疫情让他的企业陷入停滞状态。他面临一个难题:要不要调整(降低)绩效目标?在原有绩效标准下,员工难以完成任务,降低目标又恐影响未来设定,而不降,员工收入都无法保障基本生活,则可能导致人才流失。作为行业领军者,他深知团队是多年心血,此刻正备受同行瞩目,虎视眈眈欲挖人。

经过深入交谈,我引导他思考员工是否真的容易被挖走,以及员工在困境中仍留守的原因。他承认,尽管有同行在他这儿挖人,但并未成功,而员工留守则是因为他在关键时刻提供了财务支持。

通过对话,他逐渐意识到,疫情是一场不可控的系统性冲击,外部环境无法改变,很多绩效目标本身已成为"伪目标"。作为企业负责人,他真正的目标,其实不是保住表面数字,而是守住团队、保住生存。这是最务实也是最有担当的底线思维。

他恍然大悟,回去后立即召集团队核心开会,并坦诚地告诉大家:此刻最重要的目标不是业绩,而是"活下来"。他决定,将此前为员工发放的借款全部转为无偿补助。他说:"我借出去的钱本来就没打算让你们还,现在直接算补贴。你们尽力而为,能做多少做多少,大家一起熬过去。只要我们还在，一切都有可能。"

他的这一决定体现了真正的责任担当。他不以业绩数据压人，也不搞形式主义指标，而是以"人"为本，以信任为纽带，划定企业的底线，托住每一位共事者的基本信念。这种做法在关键时刻比任何激励机制都更具凝聚力。

这次沟通后，他感到前所未有的轻松，而公司同事也备受鼓舞，变得更加团结，共同想办法增收节支。最终，公司奇迹般地渡过难关，焕发出更强的生命力，业绩远超同行。

在朋友的故事中，我们可以深刻体会到王阳明所说的四句话的真谛："无善无恶心之体"是事实，"有善有恶意之动"是思维加工，"知善知恶是良知"是觉察，"为善去恶是格物"是实践。只有当我们放下对事物的个人加工，允许思维加工以外的事物存在时，我们才真正打开了致良知的大门。

在实际生活中，这一境界可能通过个体的精神实践、文化传统、哲学思考等多种方式得以体现，如图5-2所示：

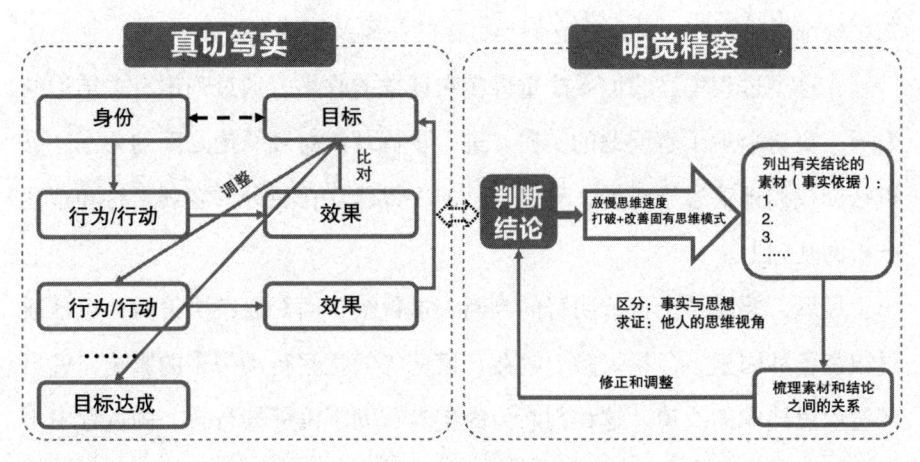

图5-2 知行合一

1. 真切笃实

知行合一强调将理念与实际行动紧密结合,通过真实的行为来体现内在的价值观。这包括明确个体的身份认同,设定明确的目标,并采取切实可行的行动,并不断对比实际行动和期望效果的出入以及和目标的关系,从而调整和优化自己的行为,确保最终达成目标。这是清晰可见、真实可触达且没有争议的具象事实。

2. 明觉精察

首先,在面对判断和决策时,试着放慢思维速度是至关重要的。这意味着打破并改善固有的思维模式,避免过于迅速地做出决策。通过仔细思考,使思考的颗粒度变细,对构成效果评估和决策的素材更为精细,令感知和觉察能有多角度思考,从而能够更全面地理解、审视问题,并找到更具创新性且有效的解决方案。

其次,列出有关结论的素材(事实依据),并梳理素材和结论之间的关系。对自己在思维加工过程中的起心动念、情绪反应、身体感受有更加明确细微的觉察,并审视它们与目标的关系及影响。

在这个过程中,我们要注重事实和证据的收集。通过列出有关结论的素材,更清晰地了解问题的实质。进一步梳理素材和结论之间的关系,可以帮助我们理清思维逻辑,确保自己的决策建立在充分的客观素材和理性分析的基础上。

最后,要对结论进行明智的判断。这包括在面对复杂决策时,包括通过权衡各种因素,包括风险、收益、道德等的觉察行动带来的影响,做出经过深思熟虑的决策。这种判断力的培养有助于确保知行合一的过程中不仅注重行动,也注重行动的质量和合理性。这个深度思考的过程是看不见、摸不着的,关键在于对自我的觉察。

当然,我们同样可以将这一过程放到更为完整的背景及关系中,并利用前面所学的全息模型来辅助判断。

再次认知升级,实现身心神合一

在全息模型的框架下,不断进行认知升级是一种持续的过程。

如图5-3所示,在原有的认知层面,通过运用"2+3=5"对基本逻辑进行优化,我们得以在行事时更加顺畅,收获更多的幸福与快乐,人际关系也随之改善。这一过程是在既定目标和价值体系内提升效能的体现。

然而,当认知升级至拐点,即我们所说的突破认知铁三角的关键时刻,原有的目标和价值体系便不再成为限制我们的枷锁。此时,我们得以遵循内心的热爱,更加自由地去创造。在这一过程中,原有价值体系中对于结果的标准发生了根本性变化,我们不再局限于追求某些特定的结果,也不再受外在因素的束缚,而是更加注重内在需求中的价值感和贡献意识。此刻,"2+3=5"更多地象征着一种内外兼修的平衡状态。

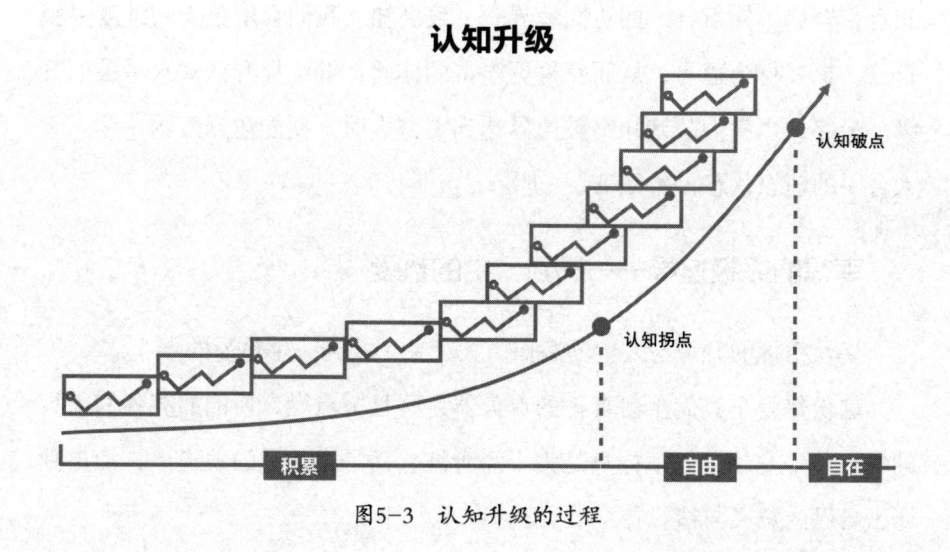

认知升级

图5-3 认知升级的过程

达到这一认知层次后，我们在为人处世上变得更加圆融。

我们会不断觉察自我，发现并破除一个又一个的"我执"，进而追求一种无我的境界。这种境界并非真正的无为或没有目标，而是与万物融为一体，在成长过程中有意无意间穿上的铠甲、禁锢的思想，在顺应自然大道的过程中一层层脱下，同时展现出一种自强不息的精神。并且，这是一个循环往复的过程，身体、心灵和精神层面的提升相互交织，推动着我们不断向前。

正如之前所提到的认知升级之旅，我们不再通过试图抓住自己的头发来摆脱地球引力，而是学会放开双手，积聚内在的能量，激发出无限的创造力。当我们如火箭般冲破地球的重力束缚，一跃而起冲出大气层时，便迎来了认知的破点。

此时，我们突破了固有的认知局限，不再执着于对错与应不应该，允许自己思维加工以外的事物自然发生。解开束缚的思维不再有各种执着和框架，我们得以使良知彰显。如此一来，我们做事时就能够更加驾轻就熟，面对困难挑战时也不会感到有压力，更不会被表象所迷惑，而是与道相合，开启了知行合一的更高境界——致良知。我们会用更高的维度审视自己，扩展行为边界，从而获得更丰富的体验，继续提升认知水平破框升级。最终，当我们的认知突破边界达到无穷大时，便能达到万物一体、天人合一的理想状态，照见我心光明。

幸福的终极追寻——找到一生的热爱

谈及精神的升华与人生的幸福，关键在于找到一生热爱的事。

这份热爱是我们生命真正的点火器，一旦被点燃，便能照亮我们前行的每一步。它让我们不再只是为生活奔波，而是在热爱的轨道上，活出独属于自己的意义与精彩。

在烟台的海边，我遇到了一位咖啡馆老板，他是一位"90后"的海归。他的店面虽不大，却充满了独特的格调。他告诉我，他原本是学理工的，但在国外读书时爱上了喝咖啡。毕业后，他尝试做过程序员，却始终找不到那种幸福美好的感觉。于是，他开始全世界地学习咖啡技艺，越学越深入，也越发有热情。最终，他辞去了原来的工作，在这个别墅区租下一个车库，开起了这家咖啡厅。

尽管店面不大，但他的客户都与他志趣相投，他还会为粉丝们开设咖啡品鉴课。虽然生意规模不大，但他做得既稳定又随性。看着他惬意的样子，我感受到他那满满的幸福感。他感到很意外，能找到一个懂他的人。他说："是的，我很幸福，也很幸运！只是，我的父母觉得我荒废了专业，经营一家小小的咖啡厅，连个服务员都请不起，这不是一个好职业。可是，你看店里的每一个细节都是我亲手布置的，每一个杯子都是我自己清洗的，每一款咖啡都是我亲手挑选的，我真的很享受现在的生活。"

我从那浓郁的咖啡味中尝出了幸福的味道。我想，他的粉丝们也是因为这份幸福的味道才追随他的吧。

当我们拥有热爱，那些曾经努力培养却难以为继的品质——坚韧、担当、负责任、坚持、吃苦耐劳、专注、自信、顽强、勇敢、快乐、创新……都会自然而然地从内心生长出来。因为热爱是最强大的内在驱动力，是通向幸福最朴素、最强韧的力量之源。

亲爱的读者朋友，当你读到这里，我相信，你已经踏上了寻找热爱的旅途。也许曾有迷茫、犹疑，但你的眼中闪烁着光芒，你的心中燃烧着热情。你，就是那个充满热爱、勇敢追梦的人。

落笔至此，天光微亮。

我分明看见了那个在晨光中坚定迈步的身影，那个在挑战中愈发坚韧的灵魂，那个在热爱的路上无惧风雨、坚定前行的你，背影轻盈，步伐有力。那是奔赴热爱的模样，也是通往幸福的方向。

简单练习，成事在望

描绘幸福的场景
……

说明：

结合所学知识点，描绘一下你当下或未来幸福的场景。

后 记

　　行文至此，回首往昔，距离我首次开设线上公益课已过十载。十年磨一剑，此书终成。它承载着学员们满满的期盼，也凝聚了我的全部思考与实践。书稿历经数次修订、打磨，如今得以付梓面世，我心甚慰。

　　这本书呈现的不仅仅是具象法则的理论架构与训练体系，更是它在日常生活中可真实落地的路径。它的使命，不是为知识加冕，而是为现实解忧。我们想帮助更多的人，解决他们眼前的具体问题，哪怕只是迈出一小步，也算不负初心。

　　然而，在推广过程中，我深切地体会到：哪怕学员口碑再好，只要你说"它什么问题都能解决"，就足以引发质疑。很多人会直接反问："这听上去太全能了，靠谱吗？不会是在洗脑吧？"

　　质疑并非源于敌意，而是源于一个深藏的盲点——我们普遍缺乏对元认知的认识。

　　元认知，这一个基础却又至关重要的概念，在日常生活中往往容易被人忽视。它是我们认识世界、理解周遭事物的基石。例如，万有引力定律，社会大众可能不会精准描述定律内容或求证过程，但是没人会质疑它对大家的影响。随着时代的不断变迁，各类挑战纷至沓来，提升元认知水平就变得尤为重要。

我还记得最早在推广具象法则时，我曾邀请我的挚友高峰先生帮我出谋划策。他问我："你怎么证明你的这个方法有效？"我说："学过的人会觉得有效，只要他相信并照做就一定能说出自己的效果。"他说："江湖术士也会这么说，有些人信了某些方法，也的确会觉得自己的病好了。可是，从科学的角度出发，它不能自圆其说。那么，你和他们有什么区别呢？你怎么证明你不是伪科学？"这一问，对我而言，是一次深刻的灵魂拷问。

为了给这句话一个严谨的回答，我用了整整十年时间。

十年后，我终于有勇气交出这份答卷。我不敢说它完美无瑕，但我敢肯定地说：你可以不相信"具象法则"是否灵验，但你无法否认它背后的底层逻辑——"2+3=5"——本身并无谬误，也不会带来任何风险。它是常识级的存在，不挑战理性认知；它是实践性的工具，欢迎每一个人带着真实的问题亲自验证。它不是"信则灵"，而是"用则见"。

我还想起一位对我影响极大的朋友——朱岩先生。他曾郑重地提醒我："这个方法确实很厉害，但'烧脑'这个标签，你不能让它出现。"

这番话对我而言，无异于当头棒喝。原来，我曾一直暗自享受那种"连高智商的人都觉得烧脑"的优越感，甚至在潜意识里以此为荣。但我没有意识到，这种姿态不仅在无形中制造了认知壁垒，也让许多原本可以受益的人望而却步。

在我们的文案、演讲乃至日常的交流中，那种"我懂，你不懂"的语气，其实早已悄然显现。这不是我想要传递的状态，也违背了这套方法"人人可用，人人可学"的初心。

我反省了很久。对客户、读者及世界，我始终想传递的是温柔而坚定的力量，是可操作、可实践的工具，而不是高高在上的理论炫技。我意识到自己要做的不是一个高深理论，而是一个普通人也可以用的方法论。

后 记

于是，我放下了复杂概念，把所有的内容简化为"2+3=5"的公式。

是的，就这一个公式，够了。我们给出的理论解释和案例，只是为了帮助大家理解和记忆。回归现实，每个人的人生都是独一无二的，希望阅读此书能让志趣相投者共书属于自己的精彩故事。哪怕你忘了书中的所有故事与技巧，但只要记住这个公式，日后在某个关键时刻，它可能就会成为点亮你内心的一盏灯。

事实上，这本书最早应用的领域并不是教育或心理，而是企业管理。书中虽然也有部分企业案例，但我们没有专章展开，因为今天的企业界并不缺方法论，缺的是驾驭方法的思维力与判断力，缺的是在选择优先决策时，究竟价值优先还是个人利益至上驱动我们的思维逻辑和决策依据。如果企业中的每一个人都能拥有完备的思维体系，明晰做事的基本逻辑，大家齐心协力，即使没有现成的方法，也能创造出适用的方法。教育、科技等诸多领域亦是如此。

即便你拥有高超的管理技术，如果在价值判断上不成熟，仍以"短期利益"为最终驱动，那么你就难以穿越周期、构建共赢。而在AI、大数据迅猛发展的今天，拥抱数字文明，我们更需要具备独立的认知系统——不是为了抵抗技术，而是为了不被技术定义。

当人工智能写出了满分作文，人的智慧是什么？当算法主导选择，我们的自由还剩多少？数字化浪潮的背后，是对人性极限的挑战，也是对价值系统的拷问。科技进步，不应只是效率的飞跃，更应是文明的升维。具象法则提供的，正是这样一套自我更新的认知底座。

我记得有一位聪慧的"90后"学生曾和我说："这个世界就像套着一层层观念的罩子。金钱主义、科学实证、玄学信仰……每个人都活在自己的罩子里，且都坚信那是真理。但有趣的是，他们却能同时通过你说的'2+3=5'，各自达成目标。"

这让我意识到，具象法则并不是教你该怎么活，而是支持你让你的目标得以实现。它不是替你选择，而是教你怎么选。这就是元认知真正的力量——它不是让所有人统一思维，而是让每个人都成为他自己的导航仪。

从这个角度来看，学习元认知的意义远超单纯的行为规范指引，它是一场直抵内心的觉醒之旅，旨在洞察复杂世事，挑战既有逻辑，激发独立思考与创新精神。缺乏认知升维的创新，不过是表面功夫，难以触及本质。引领元认知的构建，不仅是教练型人才成长的基石，也是数字时代文明引领的关键。

从"Second Life"到"元宇宙"的探讨，反映了人们对现实的不满与超越，渴望在虚拟世界中找回纯真与理想。但若认知仍被贪嗔痴慢疑所困，单纯依赖技术迭代，世界将失去灵魂，远离我们心中的乌托邦。真正的元宇宙或更高维的世界，不靠炫酷技术构建，而是靠内心的觉醒与自洽。一个真正美好的元宇宙，必然以真善美为基石，让每个人都能成为创造者、价值体现者与被尊重的个体。如此，当我们回归现实时，方能做到游刃有余。

所以，如果你问我，这本书的意义是什么？我会说：忘掉其他的，只要记住"2+3=5"。

用它来对照你的人生、你的关系、你的决策。

如果你愿意，请在实践中检验它的意义。那时，它就不再是我的，而是你的。

正如我在序言的小诗中所写，每个微小的存在都承载着独特的体验。当下的不佳体验，是新旧认知交替的必然，并无绝对的对错，也无高低贵贱之分。本书旨在客观呈现事实，分享感悟，而非评判是非曲直、区分好坏优劣。

生命的真谛，从来不是功成名就的辉煌，而是我们如何用心体验这短暂而绚烂的旅程。

哪怕只是一次觉察、一次顿悟、一次停下来深呼吸，你都已经在改变自己命运的轨迹。

无论未来我们置身何种时代，愿我们都能在人生的路上，怀揣对生命的敬畏之心，砥砺前行，向死而生，珍惜每一个瞬间，让点滴体验汇聚成生命的繁花。

无论人生之路通向何方，愿我们都能为蒙尘的内心留一条归乡之路，时常观照真我、拂拭本心、清扫积尘，让人生澄澈光明，自成华章。

要知道：人本具足，我本高贵。

最后，请允许我谨以此书，向为打磨具象法则理论以及在本书编撰过程中给予重要贡献的诸位朋友表达最诚挚的感谢，他们是赵冬青、张立军、郝智能、牛建海、梁震明、王富强、彭涛、孙小鹿先生，以及郭萍、李紫菱、顾文静、林洁女士。

同时，我满怀感恩，向近十年来不离不弃、无条件支持我们的老学员们致以最诚挚的谢意。你们不仅以实际行动践行学习成果，还慷慨地奉献时间与精力，在各类公益课程中担任助教、义工等工作，为知识的传播与智慧的分享添砖加瓦，将向上向善、自助助人（自利利他）的精神信仰传递给更多人。

人生万事须自为，跬步江山即寥廓。各位读者朋友们，我们后会有期！

——红茹 2025年春